本书是2022年山东省学校思政课教学改革重点项目"新时代高校思政课'金课'建设标准研究"阶段性研究成果；

2024年山东省学校思政金课"'新思想'概论"课建设项目、2024年山东省一流本科课程"'新思想'概论"课建设项目阶段性研究成果。

知库

教育与语言

涵情育德
汉代情论及其新时代德育启示

马婷婷　著

九州出版社

JIUZHOUPRESS

图书在版编目（CIP）数据

涵情育德：汉代情论及其新时代德育启示／马婷婷
著．－－北京：九州出版社，2023.11
ISBN 978－7－5225－2369－9

Ⅰ.①涵… Ⅱ.①马… Ⅲ.①伦理学—思想史—中国
—汉代 Ⅳ.①B82－092

中国国家版本馆 CIP 数据核字（2023）第 203112 号

涵情育德：汉代情论及其新时代德育启示

作　　者	马婷婷　著	
责任编辑	周红斌	
出版发行	九州出版社	
地　　址	北京市西城区阜外大街甲 35 号（100037）	
发行电话	（010）68992190/3/5/6	
网　　址	www.jiuzhoupress.com	
印　　刷	唐山才智印刷有限公司	
开　　本	710 毫米×1000 毫米　16 开	
印　　张	15	
字　　数	208 千字	
版　　次	2024 年 5 月第 1 版	
印　　次	2024 年 5 月第 1 次印刷	
书　　号	ISBN 978－7－5225－2369－9	
定　　价	95.00 元	

题　辞

　　情为何物？荀子曰："性之好、恶、喜、怒、哀、乐谓之情。"是人的本性、特性，动物也可能有某些情，但与人之情不在一个层次。情，是人的一种特性，影响也极大。马婷婷在读书时就注意了这个问题，因为学秦汉史，所以就选定了"汉代情论"这么一个题目。毕业后长期在马克思主义学院工作，结合当前现实的情况，又与现实情况结合起来，这也不失为历史联系实际、历史为现实服务的一种努力，是她学习中国古代历史的体会和心得，整理出来与大家共享。见仁见智，有兴趣的朋友可以参考。

熊铁基

2023 年 4 月 14 日

自 序

李商隐有诗云："深知身在情长在，怅望江头江水声。"只要人在，情就不会湮灭，情感问题是人类社会永恒的主题。正如马克思所说，人是现实的人，是一个有激情的存在物。

汉代情论问题实际上是著者师从熊铁基先生攻读博士期间的论文选题，毕业后并未在历史学专业领域有所创见，而是转到马克思主义理论研究领域，在马克思主义学院担任了十年的思政课教师。担任思政课教师以来，著者发现困扰很多青年学生的往往不是知识技能的获取等技术性问题，而是焦虑、失望、空虚等情绪心理问题，青年学生的情感危机已经成为不容忽视的社会现实。然而，在长期理性至上、唯理主义的影响下，很长一段时间，情感被看作理性的敌人，是人们恐惧、逃避、贬低的主题，"克服自身情感从某种角度来说就代表着获得理性成为精英，而情感在这种语境下也就成为普通人无法克制的冲动"（亨利·梅，Henry F. May）。在理性至上的时代洪流中，人们下意识地认为情感就是冲动盲目的，执着情感是"不合算"的。如今，人们慢慢转变了固有认知，不再将情感生命视为"暗哑的主观事实"的，也不再将情感"化约为"主观的、私人的或是生理性的情绪。在新时代的征程中，促进人民精神物质生活共同富裕更是被提升到国家战略高度，成为中国式现代化的重要表征，这是前所未有的伟大创举。从某种程度上说，一个社会主体心态能够潜移默化地发生良性演变，情感心灵能够有所依归，尽管不如政治经济结构转型那样外显和剧烈，却更能提升归属感和认同感，对促进社会和谐发展具有重要意义。

习近平文化思想提出要"着力赓续中华文脉、推动中华优秀传统文化创造性转化和创新性发展"，当我们意识到理性至上主义的缺憾并试图从传统文化中汲取思想智慧时，会发现汉代思想家对情以及情与礼、法关系的论述，不论是《淮南子》的适情论、董仲舒的天道与人情说还是王充起事生情、以礼防情论，以及荀悦性动生情、化情原心论等，尽管立场和出发点不同，却都充满了穿透时空的真知灼见，很多观点至今仍闪耀着人本主义光辉。而在实践中，情成为礼法交融的润滑剂和催化剂，助推了汉代引礼入法的进程，这些思想精华和实践经验，无论是对于当前情感问题的学术研究、青年学生的心理健康指导，还是对于思想政治教育创新，都有重要的借鉴价值。

长期的相关研究，加上多年从事思政课教学的现实要求，都促使著者对博士论文重新修改、补充完善并加以整理出版，希冀能够立足传统，又直面现实问题，对新时代青年学生的德育工作有所裨益。

目 录
CONTENTS

第一章

情的内涵、外延及其与礼法的关系

第一节　情的内涵

一、情的现代阐释

当代心理学家希尔曼说："情绪是沟通我们与世界的桥梁，它把我们带进与世界的不可分割的相互作用之中。"① 情不仅沟通着现实中的我们与世界，也沟通着过去与现在、现在与将来，不论文明如何进步，时代如何变迁，价值观、人生观如何演进，人的情感要素是亘古不变、永恒存在的，古人、今人的人性是统一的。情感虽然受到社会环境的影响而具有时代性和历史性，但是又具有跨越时空的感染性和超越性。情是沟通古今的桥梁，有了情感，我们才能遥契古人、感受当代，正因如此，我们研究情论才有了可能。

学术界对情的认识是一个从忽视到正视、从简单到多维逐渐深入的过程。若从严格意义上的心理学角度来看情感，不妨先将目光转向心理学最先发展起来的欧美学术界。欧美学术界素来注重科学、理性，早先认为情感和理性相对立，情亦一直被归结为艺术、诗学、美学、宗教等

---

① ［美］斯托曼著，张燕云译：《情绪心理学》，沈阳：辽宁人民出版社，1987 年，第 201 页。

研究领域，很少被作为重要的研究问题来研究，"如果有人在哲学的名义下讨论情感问题，重视情感的地位和作用，那就被归结为浪漫主义或非理性主义"①，这种情况到了近代才多有改观，情感问题得到了人们的关注，学者们对情的讨论也热烈起来。

关于情的具体内涵，有学者认为情感就是人的感受，"情感就是自我的感受，情感是时间性的体现和存在的自我感受，它产生于人们引向自我或由别人已经引向他们的情感的和认知的社会活动中"②。这种看法认为感受存在于相互作用中，既反映自我感受，也表明情感主体对于他人、社会对象的感受。心理学家Л·М·雅科布松认为，"许多心理状态、体验和动机，即愉快、焦躁、忠诚、崇敬、痛苦、狂欢、惊叹等均属情感领域"，认为情感的基本内容是"人对一定事物或一定的现象形成的情绪态度"，是指"人具有的稳定的情绪态度、固定的心理状态"③。有学者注意到了情感和价值的关系，认为"情感就是人类对客观价值关系的主观反映形式"④。

关于情的分类也是众说纷纭。英国生物学家达尔文认为人群中有无数的东西可称之为情感，诸如傲慢或平实温和等品德。美国行为主义先驱约翰·华生将情感分为三大类别：恐惧、愤怒和爱。到了20世纪70年代，加州大学的保罗·艾克曼认为情感分为六类：快乐、悲伤、愤怒、恐惧、厌恶和惊奇。1980年，纽约阿尔伯特·爱因斯坦医学院的精神病学专家罗伯特·普拉奇克在此基础上加上了容忍和期盼。1990年，心理学家科特·费希尔等认为只有五种情感形式：爱与快乐是积极的情感，愤怒、悲伤和恐惧是消极的情感⑤。

---

① 何善蒙：《魏晋情论》，北京：光明日报出版社，2007年，第2页。
② [美] 诺尔曼·丹森著，魏中军、孙安事译：《情感论》，沈阳：辽宁人民出版社，1989年，第77页。
③ [苏] Л·М·雅科布松著，王玉琴等译：《情感心理学》，哈尔滨：黑龙江人民出版社，1988年，第16—18页。
④ 仇德辉：《统一价值论》，北京：中国科学技术出版社，1998年，第148页。
⑤ 孙红玖、连煦：《情感的力量》，北京：中国青年出版社，2002年，第10—11页。

关于情绪、情感关系的研究尚没有明确定论。有学者把情分为情感和情绪来探讨，如保罗·汤姆斯·扬认为："感情归因于事物影响个体、意识它并表现于外。感情包括情感和情绪的全部领域。"① 国内有学者赞同这种分法，认为情绪和情感合称为感情："从语言学的角度来看，情绪的英文译词应该是'emotion'，情感的英文表达应该是'feeling'，情绪、情感的合称，中文应该是'感情'。"② 也有学者指出了情绪和情感的区别："情绪与情感不同，……情感是感，它主要标示的是体验方面的内容，情绪则更多标示生理活动和行为表现。情感有一个'感'字，它的突出特点就是具有体验的特性。每个人都有过愉快、不愉快乃至愤怒的体验，这种体验是情感，是生物进化出的一种高级感受能力。情感的每次发生都会激发产生情绪，情绪与情感具有先天一致性，它们是同一过程的不同方面"③，并认为"情感是感，是体验，情绪是行为，是表情，是生理激活；……情感是反应的发动者，情绪是具体行为表现，情感对情绪反应有强大的推动作用"④。还有学者认为"情绪：广义包括情感，是人对客观事物的态度体验。狭义指有机体受到生活环境的刺激时，生物需要是否获得满足而产生的暂时性的较剧烈的态度及其体验"⑤。如果说，在学术界，情绪和情感界限模糊，那么在生活中，情绪、情感、感情往往等同混用，也没有鲜明的分别。其实，感情世界本来就是微妙多变的，它根基于个体的体验，涉及身、心、性、神等方面，情域广泛，内涵复杂，在理论研究领域中确实难以达成共识，以至于有学者无奈感叹："只有当被问到情感是什么的时候，人们才意识到自己竟然无法给它下定义。"⑥

---

① P·T·扬等著，魏庆安等译：《情感·意志·个性》，福州：鹭江出版社，1988年，第2页。
② 孔维民：《情感心理学新论》，长春：吉林人民出版社，2002年，第1页。
③ 孙清政：《情感尺度的理论探讨》，西安：西安地图出版社，2005年，第5页。
④ 孙清政：《情感尺度的理论探讨》，西安：西安地图出版社，2005年，第144页。
⑤ 朱智贤：《心理学大词典》，北京：北京师范大学出版社，1989年，第502页。
⑥ 孙红玖，连熙：《情感的力量》，北京：中国青年出版社，2002年，第9页。

不过，毋庸置疑的是，情的地位和作用越来越受到重视，"情感是人对客观事物的主观体验，是内在于肉体的精神，是沟通人与自然、主体与客体、客观世界与主观世界的桥梁。"① 尤其在中国，情之问题理应得到更多关注，钱穆先生曾言，"西方人重知，中国人重情"②，关注人的情感是中国文化体系的重要特点，仁、礼、道、诚、心、理、气等，这些中国哲学本体的一系列核心概念，都与人的情感问题密切相关。情感使得中国文化有着与西方文化不同的特质，"人类情感的'蒙面舞会'跳得太久了，应该摘掉假面，静默下来，怀着怡然的心情凝神观照一下我们的情感世界。"③ 从情感出发，探讨传统文化的奥秘，揭示传统文化的独特魅力，不失为一条值得尝试的探寻途径。

然而，当我们着手对情进行研究时，除了困扰情之定义的模糊，还会发现情之问题涉及的范围之广超乎想象，它涉及哲学、心理学、历史学、伦理学、宗教学、美学等诸多学科和领域。随着情牵涉的领域越来越广泛，情感的内涵也越来越丰富，很多学者将亲情、敬、乐、"四端"之情、喜怒哀乐之情、诚信等都定位于情感范畴④，情感的范畴日益扩大（敬、诚、忠、孝等更接近情感的伦理化、道德化范畴）。还有学者认为："就情感所涉及的类型而言，至少有基本情感、道德情感、宗教情感以及审美情感，而对于这些情感的考察，至少涉及现代学科分类中的心理学、伦理学、宗教学、美学等。"⑤ 由此可见，情感问题包罗万象，推而广之，忠、孝、仁、诚等道德伦理都是情；小而论之，情就是人的喜怒哀乐的情绪体现。

情涵盖的内容杂、范围广、层次多，近年来，认知主义为研究情感问题提供了参考，其将情感分为基本情感（Basic Emotions）和高级认知情感（Higher Cognitive Emotions），前者一般和单一的面部表情相关

---

① 杨岚：《人类情感论》，天津：百花文艺出版社，2002年，第18页。
② 钱穆：《晚学盲言（下）》，桂林：广西师范大学出版社，2004年，第528页。
③ 金马：《情感智慧论》，北京：北京师范大学出版社，1993年，第3页。
④ 蒙培元：《情感与理性》，北京：中国社会科学出版社，2002年。
⑤ 何善蒙：《魏晋情论》，北京：光明日报出版社，2007年，第9页。

联，比如恐惧、厌恶等；后者体现为爱慕、内疚、羞耻、骄傲等，更易受到有意识的思维的影响。本书根据先秦及秦汉时期情感论述的特点，把情大体划分为两个层面：一个层面是根据情的不同性质，划分为自然情感和道德情感。自然情感是指情的原始、自然义，多涉及人的自然情绪和生物性欲望。如"性之好、恶、喜、怒、哀乐谓之情"①，这些都是由外界事物激发的反应；"饥而欲食、寒而欲暖，劳而欲息，……"②这些都是生物性欲望的满足，这种欲望是自然的、大众的、常规的，即"人之所生而有也"③，"无待而然者"④，这就有了人之常情的说法。进一步来说，对富贵、声色、功名的追求都是人之常情，而子路"人告之以有过则喜"⑤，能够做到闻过则喜，这是在经过道德修养的改造后产生的情绪反应，不是人的自然情感。与自然情感对应的是道德情感，先哲们对情感做了道德上的洗礼，如涉及仁义的恻隐之心、羞恶之心等，"恻隐、羞恶、辞让、是非，情也"⑥，其他如墨家的兼爱等，在古代认识中，这都是情的表现，我们称之为道德情感（从现代心理学角度来看，辞让尚涉及情，是非则属于道德判断的"智"的范畴），情的原始自然义和伦理道德义两个层次没有完全的界限，两方面也都具有喜怒哀乐等表现形式。

另一个层面是根据情感主体的不同类型，分为个人情感和社会情感，个人情感是个人对事物产生的情感，社会情感是指意识形态影响下的社会合成的情感价值观念。在汉代，占据主流的社会情感体现为以儒家伦理思想为核心的情感价值观念。本书的研究重点集中在这两个范畴内，至于审美、宗教情感等暂不涉及。由于情的内涵广、层次多且难以

---

① ［战国］荀子著，［清］王先谦集解，沈啸寰、王星贤点校：《荀子集解》，北京：中华书局，1988年，第412页。

② 《荀子·非相》第78页。

③ 《荀子·非相》第78页。

④ 《荀子·非相》第78页。

⑤ ［清］焦循：《孟子正义》，北京：中华书局，1957年，第142页。

⑥ ［宋］朱熹著，［宋］黎靖德编，王星贤点校：《朱子语类》，北京：中华书局，1986年，第1285页。

细分清楚，本书在对汉代的情做出理解和发挥时，务求条理清晰，避免概念的混同和滥用，但不可避免地有交叉论述的地方。

二、古人对情的理解

（一）情的本体义

1. 从实情到情感

在古代文献中，最初，情不是感情、情绪的意思，而是指代"实情"或"尽心竭力的态度"，如《论语》中出现的两处论情："上好信，则民莫敢不用情"①，"上失其道，民散久矣。如得其情，则哀矜而勿喜"②。这都不是情感，而是情实、真实情况的意思。既然这些"情"字都不具有情感的含义，那么古人如何表达情感呢？根据杨伯峻统计，《论语》中出现"怨"20次，"患"17次，"忧"15次，"惧"17次，"愠"3次，"忿""恕"各2次，"戚"或"戚戚""怒""喜""憎"各1次，表达的都是由外界事物引起的各种不同的心理状态，也就是情感的表达。

《国语》中记载的"情"字开始有了情感的倾向，譬如"好其色，必授之情。彼得其情以厚其欲，从其恶心，必败国且深乱"③。这里的情有喜爱的意思，再如"吾闻君子不去情，不反谗，……死不迁情，强也。守情说父，孝也。杀身以成志，仁也"④。这里的情指的是忠诚之情。但此时的情只是某种情感的具体化表达，没有从总体上概括和归纳为情感。

郭店楚墓竹简的《性自命出》⑤中多次提到"情"。如"性自命出，命自天降。道始于情，情生于性"⑥；"喜怒哀悲之气，性也，及其

---

① ［春秋］孔子著，杨伯峻译注：《论语译注》，北京：中华书局，1980年，第135页。
② 《论语·子张》第203页。
③ ［春秋］左丘明：《国语》，济南：齐鲁书社，2005年，第128页。
④ 《国语·晋语二·反自稷桑》第141页。
⑤ 一般认为郭店楚墓竹简书写年代在《孟子》之前。
⑥ 刘钊：《郭店楚简校释》，福州：福建人民出版社，2005年，第88页。

见于外，则物取之也"①，将"情"和"性""天""命""道"联系起来，注意到了外物对情发生的影响，显示出对情感发生学的关注以及对情和人本体关系的思考，至此，"情"字和现代意义上的情感意义接近了。

2. 情的分类

《性自命出》指出了人有喜、怒、哀、悲四情，且认为"用情之至者，哀乐为甚"②，指出情最典型的表现就是哀和乐，这已经开始注意到积极情感和消极情感的二元层面。荀子提出了"六情说"："性之好、恶、喜、怒、哀、乐谓之情"③，"好""恶"属于心理价值判断层面，喜怒哀乐则属于情绪表现，对情的认识更加深入。《礼记》提出了"七情说"："何谓人情？喜、怒、哀、惧、爱、恶、欲，七者弗学而能。"④和"六情说"相比，少了"好""乐"，多了"惧""欲"和"爱"，对情的认识更加内敛和抽象，体现出认知的成熟。此外，《黄帝内经》也有七情的说法，认为情包括喜、怒、忧、思、悲、恐、惊。这是从医学角度来看七情和脏腑的关系，七情中以喜怒思悲恐为主，称为"五志"。"人有五脏化五气，以生喜、怒、思、忧、恐。"⑤

汉代董仲舒提到了四种基本情感："夫喜怒哀乐之发，与清暖寒暑，其实一贯也。"⑥《白虎通义·性情》认为人有六情："喜、怒、哀、乐、爱、恶谓六情。"⑦唐代韩愈认为人有七情："其所以为情者

---

① 《性自命出》第 88 页。
② 《性自命出》第 90 页。
③ 《荀子·正名》第 412 页。
④ ［清］阮元校刻：《十三经注疏》，北京：中华书局，1980 年，第 1422 页。
⑤ ［明］吴昆注，孙国中，方向红点校：《黄帝内经素问吴注》，北京：学苑出版社，2001 年，第 270 页。
⑥ ［汉］董仲舒著，［清］苏舆义证，钟哲点校：《春秋繁露义证》，北京：中华书局，1992 年，第 330 页。
⑦ ［清］陈立疏正，吴则虞点校：《白虎通疏证》，北京：中华书局，1994 年，第 382 页。

七，曰喜、曰怒、曰哀、曰惧、曰爱、曰恶、曰欲。"① 宋代王安石也认为人有七情："喜怒哀乐好恶欲，发于外而见于行，情也。"② 程颐、程颢认为："其中动而七情出焉，曰喜、怒、哀、乐、爱、恶、欲。"③ 南宋理学家陈淳认为情"大目则为喜、怒、哀、惧、爱、恶、欲七者"④。对情的分类都是继承了先哲的认识，没有什么独特之处。

清代伊斯兰教学者刘智对儒释道、西方自然科学和伊斯兰文化都有一定的造诣，他在情感问题上提出了"十情说"，认为"心七层而其情有十"⑤，即喜、怒、爱、恶、哀、乐、忧、欲、望、惧⑥。"心之十情，相合于性之十德而发者，则其品之上焉者也。此人之所以为人也。"⑦ 其中，望是希望、期盼，和欲的含义相近，欲向来被认为是消极的、恶的，刘智的"望"指出了人的追求中积极的善的一面，可谓独树一帜。刘智还认为人出生只会本能地啼哭欢笑，之后会分化出爱、恶两种情感反应，在爱、恶的基础上，才会发展出其他情绪表现。"出离母腹之初，其为爱为恶，未甚分明，而约略见端者，见之于天然啼笑之中。"⑧

四情、六情或十情多关注人表面的情绪变化，大致分为愉快的、不愉快的或积极的、消极的情感，很少将与行为评价有关的情如羞耻、内疚、悔恨等列入情的范畴。宋代朱熹倒是明确指出"恻隐、羞恶、辞

---

① ［清末民初］马通伯校注：《韩昌黎文集校注》，上海：古典文学出版社，1957年，第11—12页。
② ［宋］王安石：《王文公文集·性情》，上海：上海人民出版社，1974年，第315页。
③ ［宋］程颢、程颐著，王孝鱼点校：《二程集》，北京：中华书局，1981年，第577页。
④ ［宋］陈淳著，王隽编：《北溪字义（附补遗严陵讲义）》，北京：中华书局，1985年，第13页。
⑤ ［清］刘介廉：《天方性理》，（出版社不详），1923年，第31页。
⑥ ［清］刘介廉：《天方性理》，（出版社不详），1923年，第32页。
⑦ ［清］刘介廉：《天方性理》，（出版社不详），1923年，第32页。
⑧ ［清］刘介廉：《天方性理》，（出版社不详），1923年，第97页。

让、是非，情也"①，旨在强调心对性情的统领作用。

3. 情的发生

一是认为情的发生和性有关。如《性自命出》认为性产生了情："喜怒哀悲之气，性也，及其见于外，则物取之也。……道始于情，情生于性。"② 荀子言道："性者，天之就也；情者，性之质也；欲者，情之应也。"③ 而"性之好、恶、喜、怒、哀、乐谓之情"④。认为性是自然产生的，是生来就有的，情是性的内容，性体现的情绪变化就是情。唐代李翱认为"无性则情无所生矣。是情由性而生，情不自情，因性而情"⑤，认为情由性出，情无法自己产生。

南宋理学家陈淳更加明确地说："情与性相对。情者，性之动也。在心里面未发动底是性，事物触着便发动出来是情。寂然不动是性，感而随通是情，这动底只是就性中发出来，不是别物，其大目则为喜、怒、哀、惧、爱、恶、欲七者"⑥，认为性是本来未动的样子，性受到外物刺激，就产生了情，情由性生。王夫之反对这种说法，认为"情之始有者，则甘食悦色，到后来蓄变流转，则有喜怒哀乐爱恶欲之种种者。性自行于情之中，而非性之生情，亦非性之感物而动则化而为情也"⑦。人天生就有甘食悦色这些情感，后来慢慢发展，才产生了喜怒哀乐等，对性生情的说法提出了质疑，不过也将情和性紧密地联系起来。

二是认为感物而生情，情是个体和外物接触后产生的。如《淮南子·原道训》中讲："人生而静，天之性也；感而后动，性之害也；物

---

① [宋] 朱熹：《四书集注·孟子·公孙丑章句上》，长沙：岳麓书社，1985年，第293页。

② 刘钊：《郭店楚简校释》，福州：福建人民出版社，2005年，第88页。

③ 《荀子·正名》第428页。

④ 《荀子·正名》第412页。

⑤ [唐] 李翱：《李文公集》，上海：上海涵芬楼，1922年，第8页。

⑥ 《北溪字义·情》，第13页。

⑦ [明末清初] 王夫之：《读四书大全说》，北京：中华书局，1975年，第674页。

至而神应，知之动也；知与物接，而好憎生焉。"① 人本来好静，这是天性，但是人和外物接触后受到刺激，就形成了感应，从而产生了喜欢、厌恶等各种情感，这种说法模糊地注意到了神经在情产生中的传导作用。其他如王充的"喜怒起事而发"②、葛洪的"情感物而外起"③都认识到环境促生了情感。北齐刘昼认为"情之变动，自外至也"④，但是又讲："性之所感者，情也；……情出于性，而情违性。"⑤ 认为情虽然出于性，但是却受到外物的影响而变动。类似的说法如韩愈："情也者，接于物而生也。"⑥ 王安石："故此七者（喜怒哀乐好恶欲），人生而有之，接于物而后动焉。"⑦ 戴震："喜怒哀乐之情，感而接于物。"⑧ 都观察到了环境对情的触动作用。其他如二程讲："天地储精，得五行之秀者为人。其本也真而静，其未发也五性具焉，曰仁、义、礼、智、信。形既生矣，外物触其形而动于中矣。其中动而七情出焉，曰喜、怒、哀、惧、爱、恶、欲。"⑨ 这种说法将人看作先天具有道德属性的本体，人的本体是真的、静的，具有仁、义、礼、智、信这性天性，情是后发的，后来人接触外物，才产生了七情。

三是认为情的产生源于天道神秘，"天地之所生，谓之性情"⑩，"喜怒之祸，哀乐之义，不独在人，亦在于天"⑪，强调了天的主导作

① ［汉］刘安等著，刘文典撰，冯逸、乔华点校：《淮南鸿烈集解》，北京：中华书局，1989 年，第 10—11 页。
② ［汉］王充：《论衡》，北京：中华书局，1985 年，第 160 页。
③ ［晋］葛洪著，王明校释：《抱朴子内篇校释》，北京：中华书局，1985 年，第 170 页。
④ ［北齐］刘昼著，傅亚庶校释：《刘子校释》，北京：中华书局，1998 年，第 1 页。
⑤ 《刘子·防欲》第 10 页。
⑥ ［清末民初］马通伯校注：《韩昌黎文集校注》，上海：古典文学出版社，1957 年，第 12 页。
⑦ 《王文公文集·性情》第 315 页。
⑧ ［清］戴震撰，汤志钧校点：《戴震集》，上海：上海古籍出版社，1980 年，第 309 页。
⑨ 《二程集·河南程氏文集卷第八·杂著·颜子所好何学论》第 577 页。
⑩ 《春秋繁露·深察名号》第 298 页。
⑪ 《春秋繁露·天辨在人》第 335 页。

用，认为"夫喜怒哀乐之发……非人所能蓄也"①。《白虎通义》延续了董仲舒的说法，将在后文中详细阐述。

4. 情的特性

一是情感具有普遍性。譬如人都有喜怒哀乐等情绪表现，心理满足就会高兴，"得则喜，不得则怒"②，遇到突发事件会惊慌，"夫目惊而体失其容，心惊而事有所忘，人之情也"③；人都向往富贵，"富贵人情所贪，高官大位人之所欲乐"④；人都喜好美色，"人情莫不爱红颜艳姿，轻体柔身"⑤ 等。

二是情感有差异性。"人之情心，好恶不同"⑥；"观听殊好，爱憎难同"⑦。人的情感表现为个体差异，各有所好。

三是情感具有感染性。情感可以通过感知、直观、忆念、想象、幻想等转化为旁人能够体验的意象，最终达到感同身受的效果。譬如对音乐的感受，"闻角声，莫不恻隐而慈者；闻徵声，莫不喜养好施者……"⑧，这就是情的感染力。

四是情感具有转换性。认为情感具有积极和消极之分，比如喜、乐是积极的，哀、惧、忧、恐则是消极的，积极的情感未必有积极的作用，消极的情感也会产生积极的影响，这种特点被学者称为情感的转换性⑨，如韩非所言："人有祸则心畏恐，心畏恐则行端直，行端直则思虑熟，思虑熟则得事理。……而福本于有祸，故曰：'祸兮福之所

① 《春秋繁露·王道通三》第 330 页。
② 《论衡·祭意》第 275 页。
③ 《春秋繁露·竹林》第 54—55 页。
④ 《论衡·定贤》第 287 页。
⑤ 《抱朴子内篇·辨问》第 230 页。
⑥ [汉] 王符著，[清] 汪继培笺，彭铎校正：《潜夫论笺校正》，北京：中华书局，1985 年，第 315 页。
⑦ [晋] 葛洪著，杨明照校笺：《抱朴子外篇校笺》，北京：中华书局，1991 年，第 425 页。
⑧ [清] 陈立疏正，吴则虞点校：《白虎通疏证》，北京：中华书局，1994 年，第 95 页。
⑨ "转换性"相关论述参见燕国材主编：《心理学思想史·中国卷》，长沙：湖南教育出版社，2004 年，第 117—118 页。

倚'，……人有福泽富贵至，富贵至则衣食美，衣食美则骄心生，骄心生则行邪僻而动弃理，行邪僻则身死夭，动弃理则无成功。……而祸本生于有福，故曰：'福兮祸之所伏。'"①

五是情感具有时代性和超越性。随着客观上时空、情境的变换，人们主观上对情感的认知以及相应做出的价值判断也会发生变化，因此情感有历史性、时代性，如葛洪认为："且夫爱憎好恶，古今不均。"② 同时，在思想认识上，古人、今人的情感认知又是一脉相承的，社会生活实践中的情感问题亦是有其共通之处的，因而情感又具有一定的超越性。

（二）情的价值义

1. 情是儒家学说的生命源头

儒家学说的核心——礼和仁都和情有着密切关系，没有了情这个源头活水，礼和仁就没有了生命力。

杨伯峻统计《论语》中"礼"共出现七十四次之多，因此有学者认为孔学主要是礼学。礼自古有吉、凶、宾、军、嘉五礼的分法，其中凶礼即丧礼是礼中之重，孟子认为"养生者不足以当大事，惟送死可以当大事"③，那么丧礼和情有什么关系呢？儒家认为丧礼是缘情而制的。孔子在解释为何为父母守三年之丧时答道："子生三年，然后免于父母之怀。夫三年之丧，天下之通丧也，予也有三年之爱于其父母乎？"④ 显然，这是从日常生活的父子情感——爱出发，论述三年之丧的因由。丧礼缘情而制，因为丧礼表达的是对逝者的爱和怀念，是情感的真切流露，"此孝子之志也，人情之实也，礼义之经也，非从天降也，非从地出也，人情而已矣。"⑤ 由生活而来，从情感出发，不讲天

---

① ［战国］韩非著，陈奇猷集释：《韩非子集释》，上海：上海人民出版社，1974年，第341—342页。
② 《抱朴子外篇·擢才》第456页。
③ 《孟子·离娄章句下》第329页。
④ 《论语·阳货》第188页。
⑤ 《礼记·问丧》第209页。

道，不论鬼神，丧礼缘于"爱"而生，仪节缘于情而作。此外，孔子讲礼的表现是"己所不欲，勿施于人"①，这亦是建立在将心比心，推己及人的情感基础上的。

儒家讲仁，如《论语》不到两万字，谈到"仁"的地方约有五十八处，"仁"字出现一百零五次，也有学者据此认为仁是儒家的核心思想。何谓仁？许慎《说文解字》中讲："仁，亲也，从人从二。"②"仁字从二从人会意，为人与人相接相处之道德总称，父母之慈，兄弟姊妹之友，朋友之信，皆可谓之仁，特以其人地位关系之不同，分化各种德目而异其名耳。"③可见，仁就是人与人之间相处的一种同情友爱之心、平等亲切之情，"仁之实，事亲是也"④，是初始亲情的道德化体现。

孔子还讲"仁者爱人"，爱更是一种情感表现，亲人之间有了亲爱，就有了父慈子孝、兄友弟恭，君臣之间有了敬爱，就有了"君使臣以礼，臣事君以忠"⑤，朋友之间有了关爱，就有了"友直、友谅、友多闻"⑥。如果人们都能做到"泛爱众"，以友爱关怀的心态交往对待，人和自然之间和谐共存，这样，个人可以安身立命，社会可以和谐发展。如果没有了仁，没有了爱人的情感，一切也都空洞无趣，"人而不仁，如礼何？人而不仁，如乐何"？⑦

此外，从个人的性情角度来讲，孔子的情感世界非常丰富，是一个内心柔软、饱含深情之人，如"子食于有丧者之侧，未尝饱也"⑧。孔子在丧亲之人旁边吃饭，不曾吃饱过，这是恻隐之心的体现。"子见齐衰者，冕衣裳者与瞽者，见之，虽少，必作；过之，必趋。"⑨他以端

① 《论语·颜渊》第123页。
② [汉]许慎：《说文解字（注音版）》，长沙：岳麓书社，2006年，第161页。
③ 蒋伯潜：《十三经概论》，上海：上海古籍出版社，1983年，第521页。
④ 《孟子·离娄章句上》第313页。
⑤ 《论语·八佾》第30页。
⑥ 《论语·季氏》第175页。
⑦ 《论语·八佾》第24页。
⑧ 《论语·述而》第68页。
⑨ 《论语·子罕》第89页。

正体态、快步而过来体现对戴孝之人、盲人的尊重和关怀。另如"见齐衰者，虽狎必变。见冕者与瞽者，虽亵必以貌。凶服者式之；式负版者，有盛馔，必变色而作。迅雷、风烈必变"①。见到穿丧服的，即使是亲密之人，也要变得严肃起来；见到盲人，即使常相见，也一定有礼貌；在车中遇见拿了送死人衣物的人，身体要前倾，手扶车前的横木，表示自己的敬意和同情。孔子也从来不掩盖自己的情感。颜渊去世，子曰："噫！天丧予！天丧予！"②"有恸乎！非夫人之为恸而谁为！"③ 把失去心爱弟子的哀痛之情释放得淋漓尽致。

看到盲人走过，便心生恻隐，听闻颜回去世，悲痛号啕，这正是仁爱之心的体现，孔子说"唯仁者能好人，能恶人"④，只有仁者能够喜爱某人、厌恶某人，这是因为仁者从来不掩饰自己的真情实感，能大大方方表现自己的好恶。

孔子在培养人才时，也不忘对感情的熏陶。《论语》开篇就讲："学而时习之，不亦说乎？有朋自远方来，不亦乐乎？人不知，而不愠，不亦君子乎？"⑤ 还讲君子"兴于诗，立于礼，成于乐"⑥，通过日常的修养和学习，君子才能适中和有益身心地表达情感，才能以情感体验的方式去领会礼和仁。

再以孟子为例，孟子的四端学说也是道德情感的体现，"恻隐之心，仁之端也；羞恶之心，义之端也；辞让之心，礼之端也；是非之心，智之端也。"⑦ 朱熹注曰："恻隐、羞恶、辞让、是非，情也。仁、义、礼、智，性也。心，绕性情者也。"⑧

---

① 《论语·乡党》第 107 页。
② 《论语·先进》第 112 页。
③ 《论语·先进》第 112 页。
④ 《论语·里仁》第 35 页。
⑤ 《论语·学而》第 1 页。
⑥ 《论语·泰伯》第 81 页。
⑦ 《孟子·公孙丑章句上》第 139 页。
⑧ ［宋］朱熹：《四书集注·孟子·公孙丑章句上》，长沙：岳麓书社，1985 年，第 293 页。

可见，儒家学说的根基就是情，有了情，仁才有了坚实依托，礼才具备了说服力和合理性。早期儒家思想中关于礼、仁、君子的话语并不生硬刻板，而是饱含人文特性，如春风化雨般抚慰人心、令人信服，就是因为它从生活而来，由真情而生。时至今日，儒家学说之所以有着跨越时空、绵延不绝的生命力和穿透力，正是源于这种脉脉温情。

2. 道是无情却有情

道家历来标榜道法自然、清静无为，提倡人要清心寡欲，见素抱朴，认为声色情欲、大悲大喜是不利于修身养性的，"五色使人目盲，驰骋田猎使人心发狂，难得之货使人行妨，五味使人之口爽，五音使人耳聋。"① 庄子认为"恶、欲、喜、怒、哀、乐六者，累德也"②。发妻去世，庄子竟然"箕踞鼓盆而歌"③，乃至提出了无情的论断，那么老子、庄子真是"无情"之人吗？

> 惠子谓庄子曰："人故无情乎？"庄子曰："然。"惠子曰："人而无情，何以谓之人？"庄子曰："道与之貌，天与之形，恶得不谓之人？"惠子曰："既谓之人，恶得无情？"庄子曰："是非吾所谓情也。吾所谓无情者，言人之不以好恶内伤其身，常因自然而不益生也。"④

可以看出，道家并不是讲无情，而是提倡自然生情，不以情伤身，是"称情而直往也"⑤，正所谓"直致任真，率情而往"⑥，体现了对超脱世俗的自然真情的追求。

道家认为让世俗功利去影响情感是非常愚蠢的，如《庄子·至乐》

---

① ［春秋］老子著，高明校注：《帛书老子校注》，北京：中华书局，1996年，第273页。
② ［战国］庄子著，［清］郭庆藩集释，王孝鱼校点：《庄子集释》，北京：中华书局，1961年，第610页。
③ 《庄子·至乐》第614页。
④ 《庄子·德充符》第220—221页。
⑤ 《庄子·大宗师》郭象注第267页。
⑥ 《庄子·大宗师》郭象注第267页。

所言：

> 夫天下之所尊者，富贵寿善也；所乐者，身安厚味美服好色音
> 声也；所下者，贫贱夭恶也；所苦者，身不得安逸，口不得厚味，
> 形不得美服，目不得好色，耳不得音声；若不得者，则大忧以惧。
> 其为形也亦愚哉！①

世俗外物的诱惑容易泯灭人对真情的追求，因此道家希望人们追寻
"安时而处顺，哀乐不能入也"②的"真人"境界，如《庄子·大宗
师》所言：

> 何谓真人？……古之真人，其寝不梦，其觉无忧，其食不甘，
> 其息深深。……其耆欲深者，其天机浅。古之真人，不知说生，不
> 知恶死；其出不？，其入不距；翛然而往，翛然而来而已矣。不忘
> 其所始，不求其所终；受而喜之，忘而复之，是之谓不以心捐道，
> 不以人助天。是之谓真人。若然者，其心志，其容寂，其颡頯；凄
> 然似秋，暖然似春，喜怒通四时，与物有宜而莫知其极。③

什么叫作"真人"呢？古时候的"真人"睡觉时不做梦，醒来时
不忧愁，吃东西时不求甘美，而那些嗜好和欲望太深的人天生的智慧就
很浅。古时候的"真人"不懂得喜悦生存，也不懂得厌恶死亡；出生
不欣喜，入死不推辞，无拘无束地就走了，自由自在地又来了。不忘记
自己从哪儿来，也不寻求自己往哪儿去，承受什么际遇都欢欢喜喜，忘
掉死生像是回到了自己的本然，这就叫作不用心智去损害大道，也不用
人为的因素去帮助自然。可见，真人就是不被欲望牵绊，不受世俗影
响，不会患得患失，也不会大喜大悲，真人自由自在，内心平静，容貌
安泰，不是没有情感，而是没有受到红尘俗世纷扰的情感。真人体现的

---

① 《庄子·至乐》第 609 页。
② 《庄子·大宗师》第 260 页。
③ 《庄子·大宗师》第 226—231 页。

是浑然忘我的境界，是"鱼相忘乎江湖，人相忘乎道术"① 的本真。正如汉代《淮南子》所认为的："圣人食足以接气，衣足以盖形，适情不求余，无天下不亏其性，有天下不羡其和，有天下无天下一实也。"② 是"适情"，是"不以好恶内伤其身"③，亦是为了追求真情。此外，老子讲"我恒有三宝，持而保之：一曰慈，二曰俭，三曰不敢为天下先。慈，故能勇……"④ 这个"慈"从广义上说就是慈爱之情，老子认识到了慈能激发人的勇气，肯定了情感和道德行为之间的密切关系。由此可见，道家不是无情，而是崇尚真情，追求自然之情，希望以清静无为、节情节欲的途径实现万物自然。

第二节　情的外延

一、情和性

古代先贤们关于情和性关系的认识主要有以下几点。

（一）性生情

如前面论述情的产生问题时所讲，情和性有着密不可分的关系，或是认为性生情，或是认为情是性的内容，性体现的情绪变化就是情。正如徐复观先生说的那样："性与情，好像一株树生长的部位。根的地方是性，由根伸长去的枝干是情；部位不同，而本质则一。"⑤

（二）性主导情

先秦时期，情和性没有严格的区分，两者的关系也没有明显区别。秦汉之后，关于性和情两者的地位，有主辅说、体用说等。如《白虎

---

① 《庄子·大宗师》第 272 页。
② 《淮南子·精神训》第 238 页。
③ 《庄子·德充符》第 220—221 页。
④ 《老子》六十九第 160 页。
⑤ 徐复观：《中国人性论史》，上海：华东师范大学出版社，2005 年，第 142 页。

通义》认为性是仁、义、礼、智的本源，起到主导情的作用，六情是"所以扶成五性"① 的，情只是起着辅助作用。秦汉以后有代表性的观点如二程认为"是故觉者约其情使合于中，正其心，养其性，故曰性其情。愚者则不知制之，纵其情而至于邪僻，梏其性而亡之，故曰情其性"②。王夫之则认为性和情是相辅相成的体用关系，"是故性情相需者也，始终相成者也，体用相函者也"③。

（三）情、性的善恶归属

关于性的善恶，孟子提出了人性本善论，荀子提出了人性本恶论，那么情自身有无善恶呢？秦汉之前，由于情和性并没有特意地被区分过，因此情的性质基本等同性，荀子说过："故人一之于礼义，则两得之矣；一之于情性，则两丧之矣。"④ 认为人一旦被情性所控，就会招致祸患，在这里，情和性一样都是恶的。

汉代《淮南子》中讲："夫喜怒者，道之邪也；忧悲者，德之失也；好憎者，心之过也；嗜欲者，性之累也"⑤，将喜、怒、忧、悲、好、恶、欲这些情感表现归结为道邪、失德、性累等消极因素，认为"好憎成形，而知诱于外，不能反己，而天理灭矣"⑥，情感的好恶不能控制丧失了本性，就会步入歧途。自董仲舒始，情和性明显地对立起来，他以阴、阳和贪、仁来对应性情，如"身之有性情也，若天之有阴阳也，言人之质而无其情，犹言天之阳而无其阴也"⑦。《论衡·本性》记载了董仲舒对这个问题的阐述："天之大经，一阴一阳。人之大经，一情一性。性生于阳，情生于阴。阴气鄙，阳气仁。曰性善者，是

---

① ［清］陈立疏正，吴则虞点校：《白虎通疏证》，北京：中华书局，1994 年，第 382 页。
② 《二程集·河南程氏文集卷第八·杂著·颜子所好何学论》第 577 页。
③ ［清］王夫之：《周易外传》，北京：中华书局，1977 年，第 198 页。
④ 《荀子·礼论》第 349 页。
⑤ 《淮南子·原道训》第 31 页。
⑥ 《淮南子·原道训》第 10—11 页。
⑦ 《春秋繁露·深察名号》第 299—300 页。

见其阳也。谓恶者，是见其阴者也。"① 性属阳，为善；情属阴，为恶，性和情是彼此对立的，自此有了情阴性阳、性善情恶的说法。刘向提出了"性情相应"的观点，认为性不独善，情不独恶，得到了荀悦的赞同。《白虎通义》则更加明确了性善情恶论："性情者，何谓也？性者阳之施，情者阴之化也。人禀阴阳气而生，故内怀五性六情。情者，静也。性者，生也，此人所禀六气以生者。故《钩命诀》曰：'情生于阴，欲以时念也。性生于阳，以就理也，阳气者仁，阴气者贪，故情有利欲，性有仁也。'"② 由此可见，情就是阴气的表现，是贪，是利欲，因而情是恶的。人性是天生纯洁的，而情是恶源，人之所以作恶，就是因为受到了情的污染。至此，《白虎通义》以国家大典的权威性定位了情的道德"恶"性。

性和情善恶的判定是具有先验性质的③，汉代董仲舒发端的性情善恶论给人的行为实践提供了道德指引。随着性善情恶认识的推广，涉及情的言行，往往被士人冠以非道德之名并加以鄙夷排斥，人们越发强调礼对情的规范和节制作用，这一思想倾向带动和影响了汉代及以后的社会风气，将在后文详细论述。

二、情和欲

什么是欲？简单来说，就是"欲望，想得到某种东西或想达到某

---

① 《论衡·本性》第 31 页。

② ［清］陈立疏正，吴则虞点校：《白虎通疏证》，北京：中华书局，1994 年，第 381 页。

③ 此后代表性的认识：如，唐代李翱赞同性善情恶说，主张灭情复性。北宋王安石反对性善情恶，认为性情是统一的，"世有论者曰'性善情恶'，是徒识性情之名而不知性情之实也。喜、怒、哀、乐、好、恶、欲未发于外而存于心，性也；喜、怒、哀、乐、好、恶、欲发于外而见于行，情也。性者情之本，情者性之用。故吾曰性情一也。"（《王文公文集·性情》第 315 页。）明代杨慎总结了前人的性情认识，认为性善说是因为没有看到情，性恶说是没有看到本性，性善恶相混说只是把性和情掺杂起来认识罢了。

种目的的要求"①。欲就是欲望、需要、动机等，包括对权力、富贵、声色等物质生活的追求及安乐，以及自我价值实现等精神生活的追求。在古代思想家的认识中，情和欲紧密相连②，很难明确区分。

《礼记·礼运》提出"七情说"："何谓人情？喜、怒、哀、惧、爱、恶、欲，七者弗学而能。"③ 欲是人情，而且是生来就有，不学就会的。先哲们也认识到了人欲的自发性，如孔子所说："富与贵，是人之所欲也；不以其道得之，不处也。贫与贱，是人之所恶也；不以其道得之，不去也。"④ 富贵都是人想要得到的，贫贱都是人所厌恶的，这是人欲的自然表现。

《商君书·算地》里讲："民之性，饥而求食，劳而求佚，苦则索乐，辱则求荣，此民之情也。"⑤ 把人的四种生理和心理欲望归于人情。荀子认为"欲者，情之应也"⑥，欲望是情感的反应，"夫人之情，目欲綦色，耳欲綦声，口欲綦味，鼻欲綦臭，心欲綦佚。此五綦者，人情之所必不免也"⑦，"以所欲为可得而求之，情之所必不免也"⑧，欲望是人的情性，对声色安逸的追求是不可避免的人情。沿着这条思路，荀子认为人要安抚、矫正人的欲望，"故礼者养也。……孰知夫礼义文理之所以养情也"⑨，应该"起礼义，制法度，以矫饰人之情性而正之，以

---

① 《新华字典》，北京：商务印书馆，2004年，第588页。
② 对于"欲"，大多学者都是持批判态度的，道家对于"欲"更是持强烈的否定态度，如"罪莫大于可欲""咎莫憯于欲得"（《老子》四十六第48页），"常使民无知无欲"（《老子》三第237页），"我欲不欲而民自朴"（《老子》五十七第106页）。庄子说："至德之世……同乎无欲，是谓素朴，素朴而民性得矣"（《庄子·马蹄》第336页），不同之处就是老庄认为"欲"是与"性"相对立的。而孟子、荀子认为"欲"是"性""情"的一部分。
③ 《礼记·礼运》第1422页。
④ 《论语·里仁》第36页。
⑤ ［战国］商鞅著，蒋礼鸿锥指：《商君书锥指》，北京：中华书局，1986年，第45页。
⑥ 《荀子·正名》第428页。
⑦ 《荀子·王霸》第211页。
⑧ 《荀子·正名》第428页。
⑨ 《荀子·礼论》第346—349页。

扰化人之情性而导之"①。

郭店楚简《性自命出》认为"目之好色，耳之乐声，郁陶之气也，人不难为之死"②。《吕氏春秋·仲春纪·贵生》认为人有六欲：生欲、死欲、耳之声欲、目之色欲、口之味欲、鼻之嗅欲，对这些感官体验的生物性欲望的追求是人之常情。由此可见，汉代之前的儒家学者对欲基本归结为对于富贵、权力、美食、声色的追求，将情和欲混同。

汉代董仲舒更加明确地把人情看作人欲："性者生之质也，情者人之欲也。"③"人欲之谓情，情非度制不节。"④ 为他的性善情恶说做了铺垫。此外，东汉许慎《说文解字》也认为情是"人之阴气，有欲者"⑤。这样，情被逐渐欲化，情被视作恶之源头。随着这种认识的发展，魏晋南北朝时期，"无情论"日渐被士人推崇，何晏认为"圣人无喜怒哀乐"⑥，理想的君子应是没有喜怒哀乐爱恶惧这些情感的。郭象认为无任何执着之见，"寂寞无情"⑦，才是"独任天真"⑧ 的理想人格，要达到"至人无情"⑨ ——没有喜怒哀乐、七情六欲的境界。

此后，人们将情和欲紧密地勾连在一起，如刘昼："情之所安者，欲也。……欲由于情而欲害情。"⑩ 注意到了欲望的满足对情的安抚作用，但是欲望过度，则会损害人情。宋代朱熹讲："欲是情发出来底。"⑪ 认为没有情，就没有欲。明清时期，人们对情和欲的认识更加深入。王廷相将人情所欲划分为美色、货利、安逸等种类，认为"美

---

① 《荀子·性恶》第435页。
② 《性自命出》第90页。
③ ［汉］班固著，［唐］颜师古注：《汉书》，北京：中华书局，1962年，第2501页。
④ 《汉书·董仲舒传》第2515页。
⑤ 《说文解字·心部》第217页。
⑥ ［晋］陈寿著，［刘宋］裴松之注：《三国志》，北京：中华书局，1959年，第795页。
⑦ 《庄子·齐物论》郭象注第44页。
⑧ 《庄子·齐物论》郭象注第44页。
⑨ 《庄子·养生主》郭象注第128页。
⑩ ［北齐］刘昼著，傅亚庶校释：《刘子校释》，北京：中华书局，1998年，第10页。
⑪ 《朱子语类卷第五·性理二·性情心意等名义》第93页。

色，……货利，……安逸，人情之所欲也，强而众且智者得之。得之则乐，失之则苦，人情安得宴然不争乎？安得老庄之徒然无欲乎？"① 肯定了生理、物质欲望的合理性，认为这是符合人之常情的。

三、情和心

情和心有什么关系呢？先哲们认为若没有心，就无法感知、体现性情。譬如《性自命出》记载："虽有性，心弗取不出。"② 没有心，就没有性，更无法体现情。孟子认为应当用心去感知外物，而不是只用眼睛、耳朵等器官功能性地去感受。

> 耳目之官不思，而蔽于物，物交物，则引之而已矣。心之官则思，思则得之，不思则不得也。此天之所与我者，先立乎其大者，则其小者弗能夺也。③

荀子讲："情然而心为之择谓之虑。心虑而能为之动谓之伪。虑积焉、能习焉而后成谓之伪。"④ 根据情的反应而由心灵进行选择，称之为思虑，根据思虑而产生行为，称之为人为。此外，心态不同，对外物的感知也不同。

> 心忧恐，则口衔刍豢而不知其味，耳听钟鼓而不知其声，目视黼黻而不知其状，轻暖平簟而体不知其安。故向万物之美而不能嗛也，假而得问而嗛之，则不能离也。……心平愉，则色不及佣而可以养目，声不及佣而可以养耳，蔬食菜羹而可以养口，粗布之衣、粗紃之履而可以养体，屋室、庐庾、葭稾蓐、尚机筵而可以养形。⑤

---

① ［明］王廷相著，冒怀辛译注：《慎言·雅述全译》，成都：巴蜀书社，2009年，第299页。

② 《性自命出》第88页。

③ 《孟子·告子章句上》第467页。

④ 《荀子·正名》第412页。

⑤ 《荀子·正名》第431—432页。

如果心忧，则食不知味，心情愉快，即使糟糠之食，也觉得甘美，心的感受会影响对于外物的体验。

《淮南子》明确指出心具有主导情感的作用，内心感受制约着外部情感的表达。"凡人之性，心和欲得则乐，乐斯动，动斯蹈，蹈斯荡，荡斯歌，歌斯舞，歌舞节则禽兽跳矣。人之性，心有忧丧则悲，悲则哀，哀斯愤，愤斯怒，怒斯动，动则手足不静。"① 认为心有和、乐、忧、悲、哀、愤、怒等种种状态，身体有动、蹈、荡、歌、舞等动作过程，人性由悲而哀，而愤，而怒，进而动，从心理到表情、声音、动作，细腻地展现了人在情感发生和释放的过程中心的主导作用。《淮南子》和郭店楚简《性自命出》的"虽有性，心弗取不出"② 都突出了心的主导地位，前者更是明确指出了心是情感的载体："夫载哀者闻歌声而泣，载乐者见哭者而笑。哀可乐者，笑可哀者，载使然也。"③ 内心悲哀的人听到欢歌也会哭泣，内心快乐的人即使看见哭泣的人也会欢笑，这都是因为内心有了承载的感情。人心是承载感情的器皿，心动方能情动。

关于心和性情的关系，宋代朱熹给了一个总结性认识："古人制字，先制得心字，性与情皆从心。性即心之理，情即心之用。"④ 性情以心为内核，心统领性情。

> 心统性情，统，犹兼也。心统性情，性情皆因心而后见，心是体，发于外谓之用……性者，理也。性是体，情是用，性情皆出于心，故心能统之。……心是浑然底物，性是有此理，情是动处。又曰：人受天地之中，只有个心性安然不动，情因物而感，性是理，情是用。性静而情动。⑤

---

① 《淮南子·本经训》第 265 页。
② 《性自命出》第 88 页。
③ 《淮南子·齐俗训》第 353 页。
④ 汉语大词典编纂处整理：《康熙字典标点整理本》，上海：汉语大词典出版社，2005年，第 334 页。
⑤ 《朱子语类卷第九十八·张子之书一》第 2513—2514 页。

朱熹将心分为人心和道心。气质之性代表人心，天命之性代表道心，天命之性和气质之性同是天理。气质之性之所以各不相同，是由于情的因素，"只有个心性安然不动，情因物而感"①。如图1-1所示：

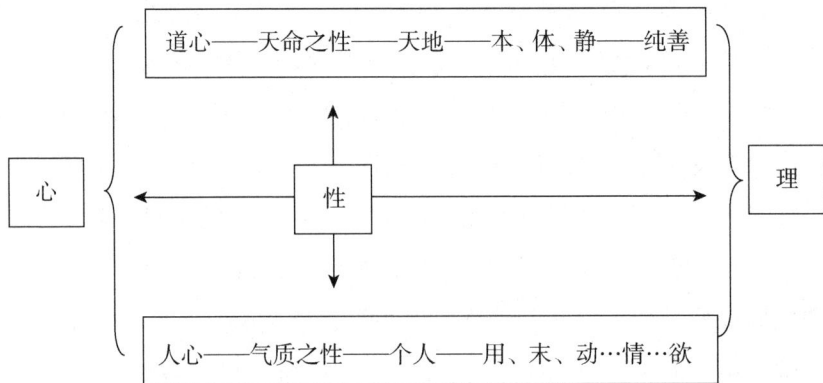

图1-1

道心能够产生善心，人心能够产生情、欲，因此人要成就君子，就要追求道心，使得道心压过人心。进一步来说，道心和人心的对立就是天理和人欲的对立。朱熹亦认为性就是理："性即理也，在心唤作性，在事唤作理。"② 赞成二程之言："心也，性也，天也，一理也"③，认为心性和天理本质是相通的，心是性和情的承载。

① 《朱子语类卷第九十八·张子之书一》第2513—2514页。
② 《朱子语类卷第五·性理二·性情心意等名义》第82页。
③ ［宋］朱熹：《四书集注·孟子·尽心章句上》，长沙：岳麓书社，1985年，第443页。

第三节 情与礼的关系

礼仪文明在中国历史悠久、源远流长。"中国有礼仪之大故称夏，有服章之美谓之华，华、夏一也。"① 中国之所以被称作华夏，中国人之所以被称作华夏传人、龙的子孙，这都和中国的礼仪传承有着密切关系。柳诒徵说："中国者，礼仪之邦也。以中道立国，以礼仪立国，是中华民族与其他民族相比较而言最具特色之处。"② 那么，什么是礼呢？

简单的一个"礼"字，却难以用一句话概括其确切含义。《说文解字》中解释为："礼，履也，所以事神致福也。"③ 认为礼是和祭祀有关的一种行为。一般意义上理解，礼是"社会生活中由于风俗习惯而形成的为大家共同遵守的仪式"④。这是从狭义上给礼下的定义。在中国，礼不仅是一种外在的仪式，也是一种制度和文化，礼的内涵丰富，涵盖范围非常广，西方诸多礼节词汇如"etiquette""ritual""rites"等都无法和中国的"礼"完全匹配起来。

一方面，礼包含礼仪和礼义两个层次⑤。孔子讲："礼云礼云，玉帛云乎哉？乐云乐云，钟鼓云乎哉？"⑥ 认为玉帛、钟鼓等不过是体现礼义的工具和手段，礼义才是礼的核心和目的。

如图 1-2 所示：

---

① ［清］阮元校刻：《十三经注疏》，北京：中华书局，1980 年，第 2148 页。
② 柳诒徵：《中国文化史》，上海：上海古籍出版社，2001 年，第 35 页。
③ 《说文解字·示部》第 7 页。
④ 《现代汉语词典》，北京：商务印书馆，1996 年，第 772 页。
⑤ 也有学者称之为礼之"文"和"本"，见刘德增：《礼与中国文化的再探讨》，《齐鲁学刊》，1989 年第 3 期，第 83 页。
⑥ 《论语·阳货》第 185 页。

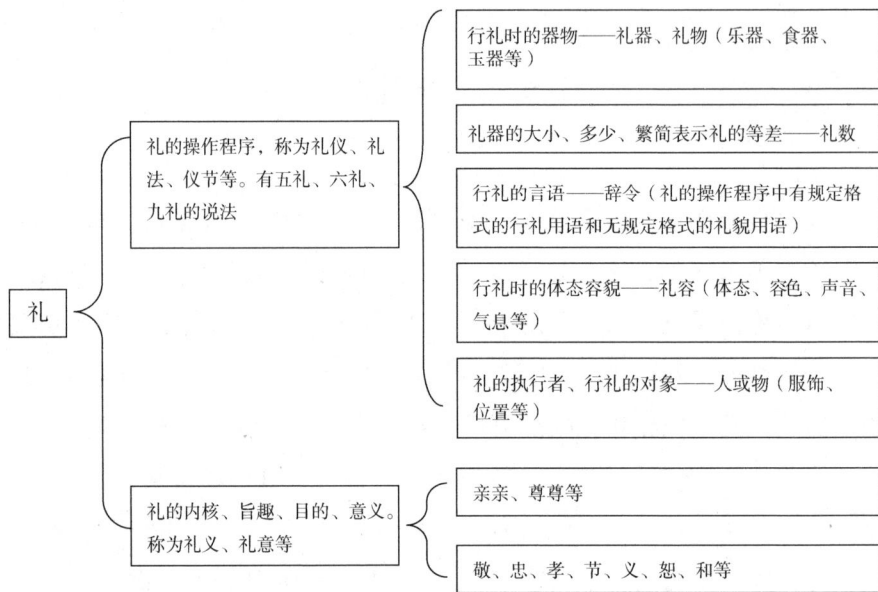

图 1-2

另一方面，礼可以分为礼俗和礼制两个层次。礼俗就是民间的仪节、风俗等，被国家认可上升到制度层面，成为一种附带强制力的规范和准则，这就形成了礼制，如某些典章制度、政法文教等。传统礼文化包罗万象，钱玄先生曾说："今试以《仪礼》、《周礼》及大小戴《礼记》所涉及之内容观之，则天子侯国建制、疆域划分、政法文教、礼乐兵刑、赋役财用、冠昏丧祭、服饰膳食、宫室车马、农商医卜、天文律历、工艺制作，可谓应有尽有，无所不包。"① 总体来说，小到日常生活中的风俗习惯、言行举止，大到国家律法、治理制度，都可算作礼的广义范畴。

礼在汉代具有举足轻重的地位和价值，对国家，礼是大纲，是等级制度的体现；对社会，礼具有和法律同等的效力，是教化百姓、促进社会安定的手段；对家庭，礼就是父慈子孝、兄友弟恭、夫和妻顺，是家

---

① 钱玄、钱兴奇：《三礼辞典》，南京：江苏古籍出版社，1998 年，第 3 页。

庭的规章，家风之所系；对个人，礼就是做人行事的法则，是成就君子的要素。这里谈的主要是相对狭义的礼，涉及礼仪和礼义层面，但是在礼的功能上也牵涉礼制层面。

一、礼缘情而作，乐因情而生

关于礼的起源问题，学术界有多种说法。现择其具有代表性的观点，分述如下，并对其进行简要评价。

祭祀说。有的学者认为《说文解字》中记载："礼，履也，所以事神致福也。"[①] 表明礼是和祭祀有关的一种行为。王国维通过对礼的甲骨文字形考证，认为："盛玉以奉神人之器，谓之若丰，推之而奉神人酒礼亦谓之礼。又推之而奉神人之事通谓之礼。"[②] 从字形来看，"禮"是器皿里面供奉着两个"玉"祭祀鬼神，所以礼源起于祭祀。郭沫若也持相同的观点："大概礼之起，起于祀神，故其字后来从'示'，其后扩展而为吉、凶、军、宾、嘉的各种仪制。"[③]

宗教说。这种说法和祭祀说相近，钱穆认为："礼本是指宗教上一种祭神的仪文。"[④] 还有学者认为："礼来自中国的古代宗教，是古代宗教的世俗化转型。"[⑤]

人欲说。持这种观点的学者以荀子的论断作为依据。荀子在《礼论》中讲。

> 礼起于何也？曰：人生而有欲，欲而不得，则不能无求；求而无度量分界，则不能不争；争则乱，乱则穷。先王恶其乱也，故制礼义以分之，以养人之欲，给人之求，使欲必不穷乎物，物必不屈

---

① 《说文解字·示部》第 7 页。
② 王国维：《观堂集林（上）》卷六《释礼》，北京：中华书局，1959 年，第 291 页。
③ 郭沫若：《十批判书》，北京：东方出版社，1996 年，第 96 页。
④ 钱穆：《中国文化史导论》，北京：商务印书馆，1994 年，第 72 页。
⑤ 张践、张宪平：《儒家礼—欲思想的现代价值》，《成人高教学刊》，1996 年第 1 期，第 11 页。

于欲，两者相持而长，是礼之所起也。①

由此可知，荀子的观点有三：礼是为了节制人欲；礼是先王所作②；礼是为了更合理的资源分配。有学者据此认为礼起源于抑制人欲。

冠婚说。这种说法来源于《礼记》："夫礼始于冠，本于昏。"③ 从人生历程的角度来看，冠礼是成人的重要标志，"已冠而字之，成人之道也"④，加冠、取字，使人开始成为独立的享受权利和履行责任的个体，从此正式踏入社会。婚礼也是人生历程的重要组成部分，"礼，始于谨夫妇，为宫室，辩内外"⑤。成家意味着新家庭的建立、血脉的繁衍和家族的扩充。冠礼、婚礼都是人生标志性的礼仪，因而一些学者认为礼来源于冠婚。

饮食说。《礼记》记载："夫礼之初，始诸饮食。"⑥ 原始部落以食物分配来体现等级差别，等级的划分逐渐导致了礼的形成。清代学者孙希旦说："礼经纬万端，无乎不在，而饮食所以养生，人既生则有所以养之，故礼制始乎此焉。"⑦ 当代刘泽华等也支持这种观点。

交易说。杨向奎从法国人类学家莫斯的"全面馈赠制"得到启发，认为原始社会的礼尚往来实际上是货物交易，中国封建社会初期的交换带有浓厚的"礼仪"性质。

风俗说。刘师培说："上古之时，礼源于俗。"⑧ 吕思勉也认为"礼

---

① 《荀子·礼论》第 346 页。
② 关于圣人作礼，《礼记·檀弓上》（第 1279 页）有"先王制礼，行道之人皆弗忍也"的说法，《礼记·礼运》（第 1426 页）记载"故圣王修义之柄，礼之序，以治人之情。"这还可以归类为圣人作礼说。
③ 《礼记·昏义》第 1681 页。
④ 《礼记·冠义》第 1679 页。
⑤ 《礼记·内则》第 1468 页。
⑥ 《礼记·礼运》第 1415 页。
⑦ ［清］孙希旦著，沈啸寰、王星贤点校：《礼记集解·礼运》，北京：中华书局，1989 年，第 586 页。
⑧ 刘师培：《古政原始论》之十《礼俗原始论》，《刘师培全集》第 2 册，北京：中共中央党校出版社，1997 年，第 54 页。

原于俗"①。柳诒徵："究其实，则礼所由起，皆邃古之遗俗。"② 彭林等学者也支持此论。

礼仪说。以杨宽为代表，杨宽认为：

> 礼的起源很早，……原始人常以具有象征意义的物品，连同一系列的象征性动作，构成种种仪式，用来表达自己的感情和愿望。这些礼仪，不仅长期成为社会生活的传统习惯，而且常被用作维护秩序、巩固社会组织和加强部落之间联络的手段。进入阶级社会后，许多礼仪还被大家沿用着，其中部分礼仪往往被统治阶级所利用和改变，作为巩固统治阶级内部组织和统治人民的一种手段③。

李泽厚也认为礼"是原始巫术礼仪基础上的晚期氏族统治体系的规范化和系统化"④。杨志刚、常金仓等也赞成这种说法⑤。

人情说。司马迁认为"缘人情而制礼，依人性而作仪"⑥，"先王本之情性，稽之度数，制之礼义"⑦。当代学者李安宅亦认为"礼的起源，自于人情"⑧。有学者更加具体地认为礼源起于人的敬畏之情："礼的来源，是出于人类一种自然的表示，如叩头跪拜，打躬作揖，对神表示崇拜及对人表示敬意。"⑨

有学者将礼分为礼仪和礼义两个层面进行探讨，认为"礼仪源于人类交往过程中反复使用的手势动作等人体语言，礼义则源于人运用理性对欲望及情感的适度节制和规范"⑩。这是因循荀子"制欲"思路提

---

① 吕思勉：《先秦学术概论》，上海：东方出版中心，2008年，第138页。
② 柳诒徵：《柳诒征说文化》，上海：上海古籍出版社，1999年，第261页。
③ 杨宽：《古史新探》，北京：中华书局，1965年，第234页。
④ 李泽厚：《中国古代思想史》，北京：人民出版社，1985年，第8页。
⑤ 杨志刚《中国礼仪制度研究》，上海：华东师范大学出版社，2001年，第4—7页。
⑥ [汉] 司马迁著，[刘宋] 裴骃集解，[唐] 司马贞索隐，张守节正义：《史记》，北京：中华书局，1959年，第1157页。
⑦ 《礼记·乐记》第1535页。
⑧ 杨志刚：《中国礼仪制度研究》，上海：华东师范大学出版社，2001年，第4页。
⑨ 杨志刚：《中国礼仪制度研究》，上海：华东师范大学出版社，2001年，第5页。
⑩ 张自慧：《礼文化的价值与反思》，上海：学林出版社，2008年，第40页。

出的观点。

以上各种说法不一而足，既有其合理因素，也存在值得商榷之处，现稍做剖析。

《礼记》将冠婚视作礼之始，其目的更多地在于强调人生礼仪的价值，然而，冠礼、婚礼已是比较成熟的礼制，将其视为礼的起源显然是不合适的。

风俗说和礼仪说相近。杨宽的礼仪说把礼看作原始礼仪的发展和演变，兼容了各种说法的合理性，比较全面。然而，礼到底源自哪种原始礼仪？哪些"重要行动"？正如风俗说一样，礼源自哪种俗？这都没有确切答案。况且，礼和俗原本就含义交叉，难以辨别。王子今在杨树达《汉代婚丧礼俗考》的序言中指出，礼俗"原意当包括礼仪制度与民间风俗，而其中的礼仪制度，自然与通常理解的政制不同，实是一种因'俗'而生，又制约着'俗'，与'俗'始终存在密切关系的'礼'"①。政府将民间的风俗习惯规范化、典章化，风俗由此上升成为国家礼制。由于政府的倡导，有些礼制反过来又对民众的生活习俗产生了影响。礼制下沉，深入民间，就演化为通常所说的风俗。礼和俗相互转化，难以清晰地划分界线，这就造成礼中有俗、俗中有礼的复杂局面。因此，风俗说某种程度有失之笼统之嫌。

宗教说和祭祀说相近，也得到诸多学者赞同，不过，"礼仪三百，威仪三千"②，因此有学者认为"用祭祀涵盖包括冠、婚、丧、祭、乡、射、燕、聘等众多古礼的起源显然有失偏颇"③。照此推论，饮食说和交易说难免有以偏概全之嫌。

人情说也存在不足之处，它难以解释礼中仪节的产生，因为单靠人情，如何能构成礼仪三千？礼的仪式、章程因何而来、如何而定？这都难以解释。

---

① 杨树达：《汉代婚丧礼俗考》，上海：上海古籍出版社，2000 年，第 8—9 页。
② 《礼记·中庸》第 1633 页。
③ 张自慧：《礼文化的价值与反思》，上海：学林出版社，2008 年，第 36 页。

礼仪起源于手势动作的说法也存在争议。手势动作就是仪式，这实际是说礼的仪式源于仪式，而并没有阐明礼的起源。礼义"源于人运用理性对欲望及情感的适度节制和规范"，这种说法更多地强调了理性对情欲的控制作用。然而，理性对情欲如何控制，才能彰显义、理、敬、信等礼的本质，有待进一步研究。

礼究竟从何而来？学术界众说纷纭。不过，无论从何种角度探究礼的起源，有三个问题必须阐释清楚：礼的内容和要素、起源的本义、起源和缘起的关系。

如前所述，中国的礼内涵丰富、包罗万象，大到国家制度、法律道德，小到日常生活的言行举止，都可以用礼来指称。对于礼的分类，有"五礼""六礼""九礼"之说。礼涵盖如此众多的内容，极易造成在探求礼的起源问题上的无所适从，不知要探求哪一种礼的起源，好像任何一种说法都无法解释众多礼的起源。譬如，祭祀说就无法解释冠婚之礼的起源，饮食说则无法反映丧葬之礼的起源等。同样，礼的要素又如此复杂，若考究礼的起源，是否还要兼顾考究礼物、礼仪、礼义的起源？学术界对礼的起源各执一端也概源于此。加之一些研究者对"起源"一词的误读，以及随之而来的对起源与缘起的视同、混用，使礼的起源问题更加难以获得圆满的解答。

其实，起源就是发源、根源，就是最先发生的、最早开始的。不管是冠婚丧祭，还是吉凶嘉宾军，哪一个最先发生，哪个就是礼的起源。可把礼比作长江，尽管长江东入海的过程中有数不清的河流（威仪三千）汇入，但源头（礼的起源）却只有一个，就是最先孕育这条河流的发源之地唐古拉山脉主峰各拉丹冬雪山。从这个角度来讲，著者支持祭祀说。因为中国文字不仅是工具，还是事物特征的体现，字形结构可以反映其最先的基础义。从甲骨文字源上考究礼的原始义是比较可靠的方法之一。除此之外，山东省高青县陈庄西周遗址 M18 出土了一件青铜簋，上面铸有 11 字的铭文，第一个字是"豊"①，亦可佐证。就图案来看，虽然该字和以往发现的甲骨文字形不同，但都是豆中盛物的形状，符合《说文解字》"行礼之器也。从豆，象形"② 的说法。众所周知，文字的产生经历了漫长的过程。"豊"字出现之前，人们已经有了关于"豊"的意识，而最初人类意识是通过图案符号表达出来的。甲骨文的"豊"字，就字形来看，下半部显示的是豆，上半部显示的是供奉的两串玉，即把玉供奉给神灵，祈求神灵带来福祉，这正是古者行礼以玉的证明。因此，礼起源于祭祀说是比较有说服力的。坚持礼起源于祭祀的观点并不妨碍去探究冠礼、婚礼等的发展和演变。伴随着人类文明的进步，在各种条件的影响下，社会上逐渐出现了诸多礼仪，譬如冠、婚、吉、宾、嘉等。这是礼的自然发展和延伸。

另外，一些学者在论述礼的起源时，实际论证的却是礼的缘起。譬如，关于礼的起源的人欲说、人情说等，实际上讲的是礼的"缘起"——因由、依据，即因何而制礼、依何来制定具体仪则的问题。司马迁的"缘人情而制礼，依人性而作仪"③。此处的"缘"字和"依"字对应，应该理解为依据即因何而制的意思。这句话强调礼、仪要根据人的情性来制，并不是从发生学的角度阐述礼的起源。除此之外，郭店楚简《语丛一》云："礼因人情而为之节文者也"④；《性自命出》讲："礼作于情"⑤；《韩非子·解老》说："礼者，所以貌情也"⑥，"为礼者，事通人之朴心者也"⑦。王先谦解释道："缘众人之实心而形之于事则为之貌。"⑧ 这实际上都是强调礼中"缘"自人心，发

① 任相宏，张光明：《高青陈庄遗址 M18 出土豊簋铭文考释及相关问题探讨》，《管子学刊》，2010 年第 2 期，第 97 页。
② 《说文解字·豊部》第 102 页。
③ 《史记·礼书》第 1157 页。
④ 刘钊：《郭店楚简校释》，福州：福建人民出版社，2005 年，第 181 页。
⑤ 刘钊：《郭店楚简校释》，福州：福建人民出版社，2005 年，第 21 页。
⑥ 《韩非子·解老》第 331 页。
⑦ 《韩非子·解老》第 335 页。
⑧ 《韩非子·解老》第 337 页。

于情感。如前所述，情是儒家哲学的生命源头，孔子从日常生活的父子情感——爱出发，论述三年之丧的因由，这正是对礼缘情而制的精彩注解。荀子主张的"称情而立文"也是继承了孔子的思路，称情就是衡量人的情感承受能力（也是强调根据生者与死者血缘亲疏、感情深浅的程度来确立丧服节文）。服丧二十五个月之后，尽管人们还无法消解哀痛、思慕之情，然而身体、精力等已经损耗到了一定限度，需要恢复到正常的生活状态。在论述为何为君主服丧三年时，荀子说："君者，治辨之主也，文理之原也，情貌之尽也……"① 君主是治理社会的主宰，是礼制的本原，而且"恺悌君子，民之父母。彼君子者，固有为民父母之说焉。……君者，已能食之矣，又善教诲之者也，三年毕矣哉！"② 君主如同民之父母一般，衡量与君主的情感程度，三年之丧也是恰当的，因此在丧礼中，忠诚之情和恭敬的外貌要体现得淋漓尽致，要做到"情之至也"。

礼缘于情已浸染至关于礼的起源各种学说，即使祭祀说、宗教说、交易说、风俗说、人欲说等，也概莫能外。从根源上看，这些学说都与情有着千丝万缕的联系。譬如祭祀、宗教是出于人们对祖先、神灵的敬畏之情，交易是缘起于人们有来互往、互利图报的人情，风俗是人情认可下所形成的规范，人欲更是人情的充分显现。确实，仅有人情不足以形成仪式，但没有情感，礼就好比无根之本、无源之水。因此，辨清了缘和源的区别和联系之后，即可得出祭祀之礼是礼的起源，人情是礼的缘起。

谈到礼，就不得不谈到乐，礼不但缘情而作，乐也因情而生。"礼乐之说，管乎人情矣"③，音乐的产生源于人的内心，是人们的内心活动受到外物影响的结果。《礼记·乐记》记载：

> 音之起，由人心生也，人心之动，物使之然也。感于物而动，

---

① 《荀子·礼论》第374页。
② 《荀子·礼论》第374页。
③ 《礼记·乐记》第1537页。

故形于声；声相应，故生变；变成方，谓之音。比音而乐之，及干戚、羽旄，谓之乐。乐者，音之所由生也，其本在人心之感于物也。①

具体来说，人心受到外物的影响而激动起来，发出各样的声音释放这种激动之情，各种声音相互应和、变化，由变化产生的种种条理次序就叫作音，将音组合起来进行演奏和歌唱，配上道具舞蹈，就叫作乐。可见音乐的起源有两个重要因素：一是外在的事物，二是内在的心灵。人受到外物的刺激，心灵产生震动而表达出来，这就是情感的流露。乐是为了对人的情感流露做出的呼应，因此"夫乐者、乐也，人情之所必不免也"②。音乐之所以俗称为心灵的艺术，就是因为它是以情感为中心的。

音乐是人感物的结果，用不同的心态感受外物，就会用不同的音乐表达不同的情感，音乐或者急促粗重，或者柔和喜庆，都"缘"于人不同的喜怒哀乐之情。《礼记·乐记》记载：

是故其哀心感者，其声噍以杀；其乐心感者，其声啴以缓；其喜心感者，其声发以散；其怒心感者，其声粗以厉；其敬心感者，其声直以廉；其爱心感者，其声和以柔。六者非性也，感于物而后动。③

乐能表达情感，激发情感，因而音乐可以起到教化作用。"礼以别人，乐以发和"④，"夫民有好恶之情而无喜怒之应则乱。先王恶其乱也，故修其行，正其乐，而天下顺焉。"⑤ 然而不是所有音乐都能起到教化的作用，乐也被分为淫乐雅乐，亦即所谓的亡国之音和治世之音，同样都是情感的流露，效果却截然不同。

---

① 《礼记·乐记》第 1527 页。
② 《荀子·乐论》第 379 页。
③ 《礼记·乐记》第 1527 页。
④ 《史记·太史公自序》第 3297 页。
⑤ 《荀子·乐论》第 381 页。

凡音者，生人心者也。情动于中，故形于声。声成文，谓之音。是故治世之音安以乐，其政和。乱世之音怨以怒，其政乖。亡国之音哀以思，其民困。声音之道，与政通矣。①

以怨、怒、痴、癫的心态感受，通过宫商角徵羽胡乱组合演奏表达出来，就形成了郑卫之音。沉迷这种音乐，就离亡国之日不远矣。这里之所以称为郑卫之音，而不是郑卫之乐，是因为先哲们认为郑卫的音乐是配不上乐的含义的，因为音乐分为声、音、乐三个层次，只知道声是禽兽，能感受到音是一般人，只有君子才能体会、体现乐，乐已经上升到一种普及伦理道德的工具，属于礼制的范畴，礼乐成了教化的手段。"是故先王之制礼乐也，非以极口腹耳目之欲也，将以教民平好恶而反人道之正也。"②

总之，"乐也者，情之不可变也，礼也者，理之不可易者也。乐统同，礼辨异。礼乐之说，管乎人心情矣。穷本知变，乐之情也；著诚去伪，礼之经也"③。礼是万物之理不可改易的体现，乐也是人的性情、情感的直接表达，不应该有任何矫揉造作的成分，两者都"管乎"人情，因此说礼缘情而作，乐因情而生。

二、礼乐约束人情

儒家倡导缘情制礼，认为要"发乎情止乎礼义"④，反对情感一味宣泄、欲望无限满足而不加节制，《性自命出》记载："礼作于情，或兴之也。当事因方而制之。其先后之序则宜道也。或序为之节，则文也。至容貌，所以文节也。"⑤ 礼就是用来"节"的。孔子夸赞关雎，

---

① 《礼记·乐记》第 1527 页。

② 《礼记·乐记》第 1528 页。

③ 《礼记·乐记》第 1537 页。

④ ［汉］毛亨、毛苌传，［汉］郑玄笺，［唐］孔颖达等正义，黄侃句读：《毛诗正义》，北京：中华书局，1952 年，第 48 页。

⑤ 《性自命出》第 89 页。

正是因为它"乐而不淫，哀而不伤"①。乐就很好了，过度就成了淫；悲哀也无妨，过度就会对身心造成损害，就需要用礼来调节。

　　曾子谓子思曰："伋！吾执亲之丧也，水浆不入于口者七日。"子思曰："先王之制礼也，过之者俯而就之，不至焉者跂而及之。故君子之执亲之丧也，水浆不入于口者三日，杖而后能起。"②

　　子夏既除丧而见，予之琴，和之而不和，弹之而不成声，作而曰："哀未忘也。先王制礼而弗敢过也。"子张既除丧而见，予之琴，和之而和，弹之而成声，作而曰："先王制礼，不敢不至焉。"③

　　过犹不及。礼的作用就是控制人的性情，不至于造成损伤。这里还关乎一个真情假意的问题，"丧致乎哀而止"④，"哭踊有节"⑤，居丧充分表现出悲哀就足够了，如果过度了没有节制，就容易走向虚伪和诡诈。孟子亦说："尧、舜，性者也。……动容周旋中礼者，盛德之至也。哭死而哀，非为生者也。经德不回，非以干禄也。言语必信，非以正行也。"⑥ 朱熹注云："细微曲折，无不中礼，乃其盛德之至，自然而中，而非有意于中也。经，常也。回，曲也，三者亦皆自然而然，非有意而为之也。"⑦ 丧礼强调的是自然的真情流露，而不是有意为之，如《盐铁论·孝养》所讲："孝在于质实，不在于饰貌。"⑧

　　不加节制的人情除了会对身体造成损失，损害礼的实质外，还容易造成一时的冲动，让人忘本，导致严重的后果，"一朝之愤，忘其身，

----

① 《论语·八佾》第30页。
② 《礼记·檀弓》第1282页。
③ 《礼记·檀弓》第1285页。
④ 《论语·子张》第202页。
⑤ 《礼记·檀弓》第1289页。
⑥ 《孟子·尽心章句下》第595页。
⑦ 《四书集注·孟子·尽心章句下》第472—473页。
⑧ ［汉］桓宽著，［明］张之象注：《盐铁论》，上海：上海古籍出版社，1990年，第195页。

以及其亲，非惑与。"① 人情不加节制甚至关乎社会稳定：

> 夫物之感人无穷，而人之好恶无节，则是物至而人化物也。人
> 化物也者，灭天理而穷人欲者也。于是有悖逆诈伪之心，有淫泆作
> 乱之事，是故强者胁弱，众者暴寡，知者诈愚，勇者苦怯，疾病不
> 养，老幼孤独不得其所。此大乱之道也。②

如果任凭欲望穷尽，就会产生悖逆淫乱的行为，社会不能安宁，百
姓的生活得不到保障，这是大乱的根源。因此务必要以礼来约束、节制
人情：

> 故圣人耐以天下为一家，以中国为一人者，非意之也，必知其
> 情，辟于其义，明于其利，达于其患，然后能为之。……故圣人之
> 所以治人七情，修十义，讲信修睦，尚辞让，去争夺，舍礼何以治
> 之? 饮食男女，人之大欲存焉；死亡贫苦，人之大恶存焉。故欲恶
> 者，心之大端也。人藏其心，不可测度也，美恶皆在其心，不见其
> 色也，欲一以穷之，舍礼何以哉!③

礼就是节制人情、控制饮食男女的过度欲望的。"故圣王修义之
柄、礼之序，以治人情。故人情者，圣王之田也。"④ 人情需要礼、义、
学、仁、乐加以规范和节制。

同样，乐也如此。《白虎通义》："人无不含天地之气、有五常之性
者，故乐所以荡涤，反其邪恶也，礼所方淫佚、节其侈靡也。"⑤ 孔子
讲："兴于诗，立于礼，成于乐。"⑥ 音乐能够调养性情，引导情感，通
过对于心灵的感化而纠正人的行为，最终改变风俗，使得百姓安乐。

---

① 《论语·颜渊》第 130 页。
② 《礼记·乐记》第 1529 页。
③ 《礼记·礼运》第 1422 页。
④ 《礼记·礼运》第 1426 页。
⑤ 《白虎通疏证·礼乐》第 94 页。
⑥ 《论语·泰伯》第 81 页。

乐者，圣人之所乐也，而可以善民心，其感人深，其移风易俗（易），故先王导之以礼乐而民和睦。①

一方面，"乐者，通伦理者也"②。音乐重在对内在情感的熏陶，使得人在心感物而动时，形成安乐和谐的情感，以此培养人正确的伦理道德观念。

另一方面，乐统同，礼辨异。礼起到的是区分长幼贵贱尊卑的作用，乐起到的则是上下相和的作用。

乐者为同，礼者为异。同则相亲，异则相敬。乐胜则流，礼胜则离。合情饰貌者，礼乐之事也。礼义立，则贵贱等矣；乐文同，则上下和矣；……乐至则无怨，礼至则不争。揖让而治天下者，礼乐之谓也。③

乐者，天地之和也。礼者，天地之序也。④

如果能做到"礼乐不可斯须去身"⑤，通过礼和乐的共同作用，最终就能达到天下大治的局面。"礼节民心，乐和民声，政以行之，刑以防之。礼乐刑政，四达而不悖，则王道备矣。"⑥ 有了礼乐，再加上良好的政治局面、公正的刑罚，就会使得民心所向，社会安定。"礼乐政刑，其极一也，所以同民心而出治道也。"⑦

---

① 《荀子·乐论》第 381 页。
② 《礼记·乐记》第 982 页。
③ 《礼记·乐记》第 1528 页。
④ 《礼记·乐记》第 1529 页。
⑤ 《礼记·乐记》第 1530 页。
⑥ 《礼记·乐记》第第 1543 页。
⑦ 《礼记·乐记》第 1529 页。

第四节 情与法的关系

一、王法本乎人情

"法"古写作"灋"。什么是"灋"?《说文解字》解释为:"刑也。平之如水。从水，廌所以触不直者去之。"[①] 表示法律、法度公平如水的表面;"廌"即解廌，神话传说中的一种神兽，据说，在审理案件时，它能用角去触碰真正犯罪的人，能够明辨是非曲直，因此被看作法律公正无私的象征。

法和刑、礼、兵关系密切。最初，刑和法是不分的，法就是刑罚，指的就是对身体的损伤。相传野蛮部落的苗人发明了法:"苗民弗用灵，制以刑，惟作五虐之刑，曰法。"[②] 其他记载如"杀戮禁诛谓之法"[③];"刑…常也、法也……律，法也"[④];"斩人肢体，凿其肌肤，谓之刑"[⑤];"利用刑人，以正法也"[⑥]。最初，法的实施是通过仪式、典礼来展现的，因此也有法源于礼的说法。此外，法和军事也密切相关，古代常常兵刑并称，譬如"黄帝以兵定天下，此刑之大者"[⑦];"大刑用甲兵"[⑧] 等说法。公元前 536 年，郑国子产把刑书铸于鼎上，是中国历史上公布成文法的第一人。

---

① 《说文解字·廌部》第 202 页。
② [清] 阮元校刻:《十三经注疏》，北京:中华书局，1980 年，第 247 页。
③ [春秋] 管子著，黎翔凤校注，梁云华整理:《管子校注》，北京:中华书局，2004 年，第 759 页。
④ [晋] 郭璞注:《尔雅》，北京:中华书局，1985 年，第 3 页。
⑤ [战国] 慎到著，[清] 钱熙祚校:《慎子(附逸文)》，北京:中华书局，1985 年，第 10 页。
⑥ 《周易正义·蒙》[清] 阮元校刻:《十三经注疏》，北京:中华书局，1980 年，第 20 页。
⑦ [唐] 杜佑著，王文锦等点校:《通典》，北京:中华书局，1988 年，第 4190 页。
⑧ 《国语·鲁语上·温之会》第 77 页。

秦汉时期，法律制度的建立要符合两个标准：一个是符合天理、天道，法要有不容置疑的天经地义的至上权威性质；另一个就是顺应人情。战国慎到说："天道因则大，化则细。因也者，因人之情也。人莫不自为也，化而使之为我，则莫（不）可得而用矣。"① 汉代晁错说："其为法令也，合于人情而后行之。"② 只有符合了天理、人情，法律才是合情合理的，老百姓才会心服口服。

撇开天道不讲，具体来说，首先，法律条文要缘人情而制，要考量百姓的承受能力，这是秦汉时期的学者尤其强调的观点。如《管子》认为"明主度量人力之所能为而后使焉，故令于人之所能为则令行。……乱主不量人力，令于人之所不能为，故其令废。……故曰：毋强不能"③，不能去制定百姓无法达到的法律要求。正如罗尔斯在《正义论》中所写的："法治所要求和禁止的行为应该是人们合理地被期望去做或不做的行为。……它不能是一种不可能做到的义务。"④ 法律要考虑大多数人的承受能力而设，这是最基本的设立原则，如果只有少数人有能力遵守，那么法就毫无意义，正如商鞅所说："法不察民之情而立之，则不成。"⑤ 汉代荀悦认为"设必犯之法"，是"不度民情之不堪，是陷民于罪也，故谓之害民"⑥，盐铁会议的贤良文学们认为"法者，缘人性而制，非设罪以陷人也"⑦。正是这一点的体现。

其次，法律要顺应人性的好恶，针对人情利害实施赏罚。如《管子》认为"人主之所以令行禁止者，必令于民之所好，而禁于民之所

---

① 《慎子·因循》第4页。

② 《汉书·晁错传》第294页。其后，汉代以后，也有类似的说法，如西晋思想家傅玄说："刑罚不用情而下从之者未之有也"。明代理学大师薛瑄说："法者，因天理，顺人情，而为之防范禁制。"

③ 《管子·形势解》第1186—1187页。

④ 李海荣：《法本无情亦有情——对"亲属容隐"和"春秋决狱"的思考》，《法制与社会》，2007年第9期，第395页。

⑤ 《商君书·壹言》第63页。

⑥ ［汉］荀悦：《申鉴（附札记）》，北京：中华书局，1985年，第8—9页。

⑦ 《盐铁论·刑德》第393页。

恶也"①，法的制定是根据人之性情设定的。他还说："政之所兴，在顺民心；政之所废，在逆民心。民恶忧老，我佚乐之；民恶贫贱，我富贵之；民恶危坠，我存安知；民恶绝灭，我生育之。……令顺民心也。"②文子也认为"故先王之制法，因人之性而为之节文"③，具体来说，就是"因其所恶以禁奸"④。这体现了法律对人情利害利用和控制的一面。

　　汉代，学贯儒法的晁错认为"合谋相辅，计安天下，莫不本于人情。人情莫不欲寿，三王生而不伤；人情莫不欲富，三王厚而不困也；人情莫不欲安，三王扶而不危也；人情莫不欲逸，三王节其力而不尽也。其为法令也，合于人情而后行之；……情之所恶，不以强人；情之所欲，不以禁民"⑤。认为法令应该符合人情，不能强迫人们接受人情厌恶的，不能禁止人情普遍喜爱的。《淮南子》则认为"故圣人因民之所喜而劝善，因民之所恶而禁奸，故赏一人而天下誉之，罚一人而天下畏之"⑥，指出法令应该利用人之性情好恶达到止恶扬善的目的。赏罚不在多寡，在于让百姓信服。董仲舒指出了百姓好恶是立法执法的前提："民无所好，君无以权也。民无所恶，君无以畏也。"⑦ 人民没有喜好，君主就无法劝勉，人民没有厌恶的事物，君主就无法使他们畏惧。治理国家，要依据天地性情和百姓好恶，建立相应的尊卑制度，实施相应的赏罚。此后，北齐刘昼提出了和《淮南子》类似的说法，认为"善赏者，因民所喜以劝善；善罚者，因民所恶以禁奸。……赏一人而天下喜之，罚一人而天下畏之，用能教狭而治广，事寡而功众也"⑧。

---

① 《管子·形势解》第1169页。
② 《管子·牧民》第13—14页。
③ ［春秋］辛妍著，［元］杜道坚注：《文子》，上海：上海古籍出版社，1989年，第63页。
④ 《文子·自然》第63页。
⑤ 《汉书·晁错传》第2293—2294页。
⑥ ［汉］刘安等著，刘文典撰，冯逸、乔华点校：《淮南鸿烈集解》，北京：中华书局，1989年，第454—455页。
⑦ 《春秋繁露·保位权》第172—174页。
⑧ 《刘子·赏罚》第149页。

最后，法律应该撤除主观情感因素，保证法律的公平。刘向主张不因个人喜怒而影响执法公正，"武王问于太公曰：'贤君治国如何？'……赏赐不加于无功，刑罚不施于无罪，不因喜以赏，不因怒以诛。"① 认为贤君治国要赏罚公平，不能因为高兴就赏赐某人，也不能因为生气就滥杀无辜。这种看法一直延续到秦汉以后，宋代朱熹也有类似言论："及其感于物也，则喜怒哀乐之用，各随所感而应之，无一不中节者，所谓天下之达道也。……以此而论，则知圣人之于天下，其所以为庆赏威刑之具者，莫不各有所由。"② "中节"强调的就是在执法中的客观性，避免主观个人情绪的干扰。清代袁守定在《图民录》"无以喜怒加人"一条中指出："宋文帝诫江夏王义恭曰：'讯狱虚怀博尽慎无以喜怒加人'，西凉公李暠诫诸子曰：'听讼折狱必和颜任理勿逆诈亿必轻加声色'，二者之言略同，盖听讼之要道也。"③

总之，秦汉学者笔下理想的法律是来自民间、取自民情、作用于人心的，正如慎到概括的那样："法，非从天下，非从地生。发于人间，合乎人心而已。"④ 法应该从日常生活秩序自发而来，立法执法应秉持公正客观的态度，做到合乎人情民心。

二、性情与礼治、法治

礼治和法治根源于对性情认识的不同。一般来说，礼治往往源于对人性善端的认识，认为人人皆可为尧舜，通过教化就可以形成君臣父子各有其分的社会秩序。法治则是以律法为国家权威的象征，希冀利用趋利避害的人之常情，运用强制性的外力手段规范社会秩序。

具体来说，儒家认为人性有善端，教化可以改善人性。孔子认为

---

① 《说苑·政理》第202页。
② ［宋］朱熹：《舜典象刑说》（卷十三），载《朱子文集》，北京：中华书局，1985年，第463页。
③ ［清］袁守定：《图民录》（卷二），载《官箴书集成》，合肥：黄山书社，1997年，第197页。
④ 《慎子·逸文》第16页。

"道之以德，齐之以礼"能使百姓"有耻且格"①，道德和礼能使老百姓懂得廉耻而不去犯罪。孟子认为人有四端之心，有良知善性，可以学得仁义礼智。因此，只要制得礼乐，人人皆可以为尧舜，都可"将以教民平好恶而反人道之正"②。儒家也承认人都有趋利避害的心理，譬如荀子的人性本恶说，认识到人都有好利、争强的一面："今人之性，生而有好利焉，顺是，故争夺生而辞让亡焉。"③ 人人都向往富贵："贵为天子，富有天下，是人情之所同欲也。"④ 但亦认为人性可以教化而成："今人之性恶，必将待师法然后正，得礼义然后治。"⑤ 不过，对于那些具有改良潜质的"士以上"可以通过礼乐引导："由士以上则必以礼乐节之，众庶百姓则必以法数制之。"⑥ 对于那些不开窍的"小人"，则只能通过法律来外在规范其行为。总之，儒家强调了性情中的善端，认为礼乐教化能够改良人性，将人性控制在可以接受的范围内，因而要以礼乐为治国根本。

法家认为治理天下，首先要制民，"昔之能制天下者，必先制其民者也；能胜强敌者，必先胜其民者也。故胜民之本在制民，若冶于金，陶于土也。"⑦ 沿着这条思路，法家关注民心和人情，认为"民之性，饥而求食，劳而求佚，苦则索乐，辱则求荣，此民之情也"⑧，将人情归纳为生理性欲望和利益的满足，认为人人都享乐富贵，人人都厌恶劳苦羞辱，如"羞辱劳苦者，民之所恶也；显荣夫乐者，民之所务也"，"人性好爵禄而恶刑罚"，"民之于利也，若水于下也"，"礼之所在，利

---

① 《论语·为政》第 12 页。
② 《礼记·乐记》第 1528 页。
③ 《荀子·性恶》第 434 页。
④ 《荀子·荣辱》第 70 页。
⑤ 《荀子·性恶》第 435 页。
⑥ 《荀子·富国》第 178 页。
⑦ 《商君书·画策》第 107 页。
⑧ 《商君书·算地》第 45 页。

必加焉"①，"名利之所凑，则民道之"②，仿佛什么都是发于"利"、逐于"利"。韩非子甚至认为人们之间没有亲情、忠义，只有利益维系：父母和子女的关系是一种利害关系，"且父母之于子也，产男则相贺，产女则杀之。此俱出父母之怀衽，然男子受贺，女子杀之者，虑其后便、计之长利也"③；君臣关系也是以利益维系的，"臣尽死力以与君市，君垂爵禄以与臣市"④；人与人的关系是利益关系，"故舆人成舆则欲人之富贵；匠人成棺则欲人之夭死也，……情非憎人也，利在人死也"⑤。

因此，治理百姓要充分利用这种好欲趋利的人情。据此建立相应的赏罚制度，对人心加以收买和威慑，"赏莫如厚而信，使民利之；罚莫如重而必，使民畏之"⑥。顺应人情的好恶加以赏罚，就具备了治世利剑，"人君而有好恶，故民可治也"⑦，"凡治天下，必因人情。人情者有好恶，故赏罚可用。赏罚可用则禁令可立而治道具矣。"⑧

法家也承认部分精英分子确实可以用礼乐教化来引导，但是认为大多数百姓生性愚笨，只能通过赏罚加以利诱和威慑，"夫微妙意志之言，上知之所难也。夫不待法令绳墨而无不正者，千万之一也，故圣人以千万治天下。"⑨《韩非子》认为"民智之不可用也，犹婴儿之心也"⑩，民智未开，百姓只知道趋利避害，不讲情义，害怕权势，用仁德教化根本无法感化这些愚民，"民者固服于势，寡能怀于义。"⑪"民

---

① 《韩非子·六反》第 949 页。
② 《商君书·算地》第 46 页。
③ 《韩非子·六反》第 949 页。
④ 《韩非子·难一》第 800 页。
⑤ 《韩非子·备内》第 290 页。
⑥ 《韩非子·五蠹》第 1052 页。
⑦ 《商君书·错法》第 65 页。
⑧ 《韩非子·八经》第 996 页。
⑨ 《商君书·定分》第 146 页。
⑩ 《韩非子·显学》第 1103 页。
⑪ 《韩非子·五蠹》第 1051 页。

固骄于爱、听于威矣。"① 因此，只有权力、威势才能让他们服从，"严刑重罚之可以治国也。"② 仁、义、爱对这些平常百姓是起不到什么作用的，因为"仁者能仁于人，而不能使人仁；义者能爱于人，而不能使人爱"③。如果"以爱民用民，则民之不用明矣"④。要充分利用人的本性，让百姓只知生产，成为思想单纯的弱民，"民弱国强，国强民弱。故有道之国，务在弱民"，弱民更容易管理和控制，正所谓"民愚则易治也"⑤。

由此可见，法家强调了性情中的情欲一端，认为情欲体现为趋利避害、好逸恶劳、见利忘义等，出于对情的消极认知，法家认为只有通过法律条文以及军队、法庭、监狱等国家强制力机构，才能规范化地治理百姓、有效地维护社会秩序，因此，以赏罚规矩民心才是他们眼中理想的治国方略。

---

① 《韩非子·五蠹》第 1052 页。
② 《韩非子·奸劫弑臣》第 250 页。
③ 《商君书·画策》第 113 页。
④ 《管子·法法》第 302 页。
⑤ 《商君书·定分》第 144 页。

第二章

汉代论情及其与礼、法的关系

第一节 《淮南子》的适情论

《淮南子》是由淮南王刘安及其门客编纂而成的著作，内容丰富而庞杂。《汉书·艺文志》评价其"兼儒、墨，合名、法"①，但是总体上具有道家思想倾向，"无论思想理论，或是思想资料，该书的综合性特点都是很明显的，然'其旨近老子'，'其大较归之于道'，也是十分明显的"②。通过对《淮南子》的研究，可以看出其中蕴含着见解独到的情感理论③，它对情的认识从人的外在情绪探究到了内心世界，从感官层面上升到了现代意义上的神经学层面，将情感阐释为感—应—吐的系统能动过程，认为人心是承载感情的器皿，心动方能情动。最富创见的是它的适情观，既体现了达道养生的道家旨归，也显露了因情制礼的儒家思路。以适情为脉络推进的儒道融合使它的情感哲学闪耀着人文主

---

① 《汉书·艺文志》第 1742 页。侯外庐认为："其书意多杂出，文甚沿复。"参见侯外庐：《中国思想通史》（第二卷），北京：人民出版社，1957 年。

② 熊铁基：《秦汉文化史》，上海：东方出版中心，2007 年，第 174 页。

③ 有学者认为"中国传统的情感哲学无理论性专著，《淮南子》是中国著述史上惟一有相对系统之情感论的著作"。（见周远斌《〈淮南子〉的情感论》，《南都学坛》，2006 年第 4 期）相关评述参见刘乐贤《〈性自命出〉与〈淮南子·缪称〉论"情"》，《中国哲学史》，2000 年第 4 期。

义光辉。

一、情之内涵和情之能动

关于什么是情，如前所述提到了主要有六情、七情的说法，荀子认为人有六情："性之好、恶、喜、怒、哀、乐谓之情。"① 《礼记·礼运》提出"七情说"："何谓人情？喜、怒、哀、惧、爱、恶、欲，七者弗学而能。"② 这都是从人的情绪表象去探讨情感，喜怒哀乐等情绪的外在表现在心理学上被称为基本情感，这是固化在神经自主系统中的普遍情感，不同于以往荀子、《礼记》等这样的惯常认知，《淮南子》对情的认识比较独特："人之情，思虑聪明喜怒也。"③ 认为除了喜、怒，思、虑、聪、明也是情的表现，"思，容也"④，就是思考。"虑，谋思也。"⑤ 聪、明指的是耳聪目明。其中，喜怒是人的情绪外现，聪明是人的感官体验，思虑则是精神活动，这已经从人的基本情感触摸到了内心世界，将人的思考、谋划这些高级的神经活动也列入了人情范畴。《尚书·洪范》上讲："貌曰恭，言曰从，视曰明，听曰聪，思曰睿。……明作哲，聪作谋，睿作圣。"这是君子的德行，人情不能通达明智、明辨是非、善听意见，就不能称之为德。由此可见，《淮南子》对情的认识还间接涉及君子成德的修身领域。

此外，从情感的发生学角度来看，《淮南子》认为"且喜怒哀乐，有感而自然者也"⑥。首先，人的本能是感物而动，感就是感官的反应，譬如感知冷暖痛痒，这是人的功能。其次，"感而后动，性之害（容）也；物至而神应，知之动也；知与物接，而好憎生焉"⑦。外物使得感

---

① 《荀子·正名》第412页。
② 《礼记·礼运》第1422页。
③ 《淮南子·本经训》）第260页
④ 《说文解字·思部》第216页。
⑤ 《说文解字·思部》第217页。
⑥ 《淮南子·齐俗训》第354页。
⑦ 《淮南子·原道训》第10—11页。

官产生刺激，精神随之反应，然后，智虑和外物交接，就产生了好恶之情，也就是说，除了感官的反应，还要有"神应"，"神应"即精神的反应。显然，这是从生理和精神两个层面探讨了情的产生，从感官层面上升到了现代意义上的神经学层面，这在我国情感学发展过程中是很有意义的创见。除了人情感物而动、神应而生，《淮南子》还阐述了情的释放过程，就是"吐"，《淮南子》认为"含而弗吐，在情而不萌者，未之闻也"①。感—应—吐，情感的发生和释放被《淮南子》阐释为一个系统的能动过程。

关于人心和情感的关系，《淮南子》认为心具有主导情感的作用，内心感受制约着外部情感的表达。"凡人之性，心和欲得则乐，乐斯动，动斯蹈，蹈斯荡，荡斯歌，歌斯舞，歌舞节则禽兽跳矣。人之性，心有忧丧则悲，悲则哀，哀斯愤，愤斯怒，怒斯动，动则手足不静。"②这一段描述生动细致，记载了心有和、乐、忧、悲、哀、愤、怒等种种心理状态，身体有动、蹈、荡、歌、舞等动作过程，人性由悲而哀、而愤、而怒，进而动，从心理到表情、声音、动作，非常细腻地展现了人在情感发生和释放的过程中心的主导作用。《淮南子》和郭店楚简《性自命出》的"虽有性，心弗取不出"③都突出了心的主导地位，而前者更明确指出了心是情感的载体："夫载哀者闻歌声而泣，载乐者见哭者而笑。哀可乐者，笑可哀者，载使然也。"④内心悲哀的人听到欢歌也会哭泣，内心快乐的人即使看见哭泣的人也会欢笑，都是因为内心有了承载的感情。人心是承载感情的器皿，心动方能情动。

二、适情以达道

《淮南子》对人情基本含义的阐述从根本上是为了它的道家养生学

---

① 《淮南子·缪称训》第332页。
② 《淮南子·本经训》第265页。
③ 《性自命出》第88页。
④ 《淮南子·齐俗训》第353页。

说做铺垫。除了喜、怒这样的情绪表现，思、虑这种精神活动也是人之常情，因此人要学庄子"无思无虑始知道"①。聪、明等感官体验是人之常情，因此人要"闭四关，止五遁"②，要超越感官的感受，摆脱对耳目口鼻的依赖去体道，从生理欲望的烦恼中解脱出来。人心是情感的载体，人要关注内心的感受和体认，重视精神世界的修养，最终达到"与道沦"③"精神反于至真"④ 的"真人"⑤ 境界。然而，一般人是达不到真人的境界的，人情一旦成熟，就要随时面临外物诱惑的干扰，"好憎成形，而知诱于外，不能反己，而天理灭矣。故达于道者，不以人易天，外与物化，而内不失其情。"⑥ 那么，人如何控制"知诱于外"，做到"反己""达道"呢？

《淮南子》就此提出了"适情"的观点，认为"适情辞馀，无所诱惑，循性保真，无变于己，故曰为善易"⑦。适情就是顺适情性，情达到最安适的状态，去除多余的欲求，那就能抵挡住诱惑，就能循性保真了。人人羡慕向往圣人，而圣人不过是能做到"适情"罢了，"圣人食足以接气，衣足以盖形，适情不求余，无天下不亏其性，有天下不羡其和。"⑧ 圣人的完美不过是达到了"适情不求余"的状态。人固然不能一味追求高床暖枕，但也不能如苦行僧一般清苦决绝；不能一味追求享乐纵欲，但是都追寻喜乐幸福的情感满足，因此，人要适情，情感得到恰到好处的满足，既不纵容，也不压抑，才能"循性保真，无变于己"。《淮南子》的适情论体现了一种情感上的不过不及的中庸主张以及豁达超脱的生命态度。

---

① 《庄子·知北游》第 731 页。
② 《淮南子·本经训》第 260 页。
③ 《淮南子·本经训》第 260 页。
④ 《淮南子·本经训》第 260 页。
⑤ 《淮南子·本经训》第 261 页。
⑥ 《淮南子·原道训》第 10—11 页。刘文典注曰："言通道之人，虽外貌与物化，内不失其无欲知本情也。"
⑦ 《淮南子·泛论训》第 455 页。
⑧ 《淮南子·精神训》第 238 页。

适情的理想状态是达到情与道、天的协调，三者融会贯通，人就达到了至极的地步。"吾所谓得者，性命之情处其所安也。……不利货财，不贪势名。是故不以康为乐，不以慊为悲，不以贵为安，不以贱为危，形神气志，各居其宜，以随天地之所为。"① 这里讲的"处其所安"的"安"字就是安定、平和，显然也是对于"适"的补充，适而后安，就做到"安适"了。性情达到最安适的状态，不被财富、权势所干扰，形、神、气各自达到最适宜的状态，就达到了情和天的和谐。"原天命，治心术，理好憎，适情性，则治道通矣。原天命则不惑祸福，治心术则不妄喜怒，理好憎则不贪无用，适情性则欲不过节"②，情安适了，治道也就通了。最终，达到情与道、天的和谐互动，人因此能够顺适惬意、通达洞明，在天道循环中生生不息。

三、适情以制礼

在达道之路上，《淮南子》强调适情，在处理情礼关系上，《淮南子》也强调情感的适度，认为适情而制礼，以礼表情，才能体现礼的主旨。

关于情和礼的关系，有着缘情制礼的说法，譬如郭店楚简《语丛一》云："礼因人情而为之节文者也。"③《性自命出》讲："礼作于情。"④ 司马迁讲："缘人情而制礼，依人性而作仪。"⑤ 这些都是强调礼要缘自人心，发于情感。那么《淮南子》是如何看待情礼关系的呢？《淮南子》认为"礼者，体情制文者也"⑥，"礼因人情而为之节文"⑦。礼要体察人情而定，仪要考量情感而制。

---

① 《淮南子·原道训》第 39 页。
② 《淮南子·诠言训》第 466 页。
③ 《语丛一》第 181 页。
④ 《性自命出》第 21 页。
⑤ 《史记·礼书》第 1157 页。
⑥ 《淮南子·齐俗训》第 357 页。
⑦ 《淮南子·齐俗训》第 356 页。

具体来说，体察、依据人情而制礼就是要做到适情，"礼不过实，仁不溢恩也，治世之道也。"① "古者，民童蒙不知东西，貌不羡乎情，而言不溢乎行。"② "不过""不羡"就是情感的顺意安适，就是内心情感和外在行为的一致平衡，譬如，《淮南子》认为丧礼要度量人的内心情感，使得仪式和情感相衬相合，"悲哀抱于情，葬薶称于养，不强人之所不能为，不绝人之所能已，度量不失于适，诽誉无所由生。"③ 这里的"度量""不失于适"都是倡导制礼、行礼要考量情感的轻重，不能超过情感的需求，也不能过分抑制情感的表达，要把握适情的原则，"文者，所以接物也，情，系于中而欲发外者也。以文灭情则失情，以情灭文则失文。文情理通，则凤麟极矣。言至德之怀远也。"④ 感情是发自内心而表现于外在形式上的，若是用外在形式湮灭了内在真情，那就失去了真情；而用内在真情湮灭了外在形式，那就失去了必要的形式，因此要把握好文和情的张力，做到仪式和感情的融会贯通。

对于儒家提倡的三年之丧和墨家倡导的三月之丧，《淮南子》都进行了批判："夫三年之丧，是强人所不及也，而以伪辅情也。三月之服，是绝哀而迫切之性也。夫儒、墨不原人情之终始，而务以行相反之制，五缘之服。"⑤ 这是从情感角度对丧礼的质疑，认为三年之丧是强迫人们"以伪辅情"，以虚伪的仪式"赞助"粉饰情感，而夏后氏、墨家所提倡的三月之服是对哀思之情的人为遏制，哀痛还没有释放出来，就戛然而止，这都是"不原人情之终始"的表现。其实，如前所述，孔子在解释三年之丧时是从日常生活的父子情感——爱出发，论述三年之丧的因由，恰恰是对丧礼缘情而制的精彩阐释。这种阐释是由生活而来，从情感出发，不讲天道，不论鬼神，认为丧礼缘于爱而制，仪节缘于情而作。可见，《淮南子》和孔子制礼的出发点是一样的，都认为丧

① 《淮南子·齐俗训》第 356 页。
② 《淮南子·齐俗训》第 343—344 页。
③ 《淮南子·齐俗训》第 356 页。
④ 《淮南子·缪称训》第 329 页。
⑤ 《淮南子·齐俗训》第 356 页。

礼应该缘情而制。《淮南子》批评孔子"不原人情之终始"，体现了两者对于具体的情感认知和体验的不同。这里对儒家丧礼的批判实际表达了对当时丧礼制度背离人的情感、过于追求烦琐奢靡现象的不满。至于怎么守丧才是适情，《淮南子》也没有明确提出服丧的期限和规格，而是认为应根据实际情况加以变通、因人而异。

《淮南子》之所以提出"度量不失于适"的制礼原则，是因为它对礼的本质有着独特的认识："制礼足以佐实喻意而已矣。"① 礼不在于仪容、程序、器物等外在形式，而是重在表情达意，情感的适度表达和释放才是制礼作乐的终极目的，"丧者，所以尽哀，非所以为伪也。故事亲有道矣，而爱为务；朝廷有容矣，而敬为上；处丧有礼矣，而哀为主。"② 丧礼的主旨就是尽哀，事亲的根本就是尽爱，朝廷之礼重在内心尊敬。"古者上求薄而民用给，君施其德，臣尽其忠，父行其慈，子竭其孝，各致其爱而无憾恨其间。"③ 父慈子孝、道德仁义在《淮南子》看来可归结为一个"爱"字，爱发挥到极致而没有遗憾，这才是君仁臣忠、父慈子孝的最理想状态。如果失去了情感的支撑，没有了爱的依托，礼就失去了本意，只剩下了行尸走肉般虚伪的皮相，《淮南子》批判了当时为礼多诈的社会风气："今世之为礼者，恭敬而忮；……君臣以相非，骨肉以生怨，则失礼义之本也。故构而多责。……礼义饰则生伪匿之本。"④ 那些标榜礼义的人表面上恭敬，心里却嫉妒怨恨，如君臣之间相互非议、骨肉之间心生嫌隙，已经失去了礼义的根本。礼仪之本丧失，人就会走向虚伪和狡诈，人情也就无法安定平和，"故自三代以后者，天下未尝得安其情性。"⑤

不过，从根本上说，《淮南子》认为礼乐是不能使得内心纯净的，

---

① 《淮南子·齐俗训》第 356—357 页。
② 《淮南子·本经训》第 268 页。
③ 《淮南子·本经训》第 265—267 页。
④ 《淮南子·齐俗训》第 343—344 页。
⑤ 《淮南子·览冥训》第 214 页。

"礼乐饰则纯朴散矣。"① 只有原心返本，适情养性，以适情抑制诱惑，达到道的境界，才能从根本上改造人性，正所谓"达至道者则不然，理情性，治心术，养以和，持以适，乐道而忘贱，安德而忘贫。性有不欲，无欲而不得；心有不乐，无乐而不为。益无情者不以累德，而便性者不以滑和。故纵体肆意，而度制可以为天下仪"②。

四、适心以制法

《淮南子》讲："法能杀不孝者，而不能使人为孔曾之行；法能刑窃盗者，而不能使人为伯夷之廉。"③ 又讲："刑罚不足以移风，杀戮不足以禁奸。"④ 认为法律是有局限性的，但也承认法是必不可少的治国工具："故法律度量者，人主之所以执下，释之而不用，是犹无辔衔而驰也，群臣百姓反弄其上。"⑤ 那么法律制定的依据是什么呢？淮南子认为制法要适合人心，通乎人情：

> 法生于义，义生于众适，众适合于人心，此治之要也。故通于本者不乱于末，睹于要者不惑于详。法者，非天堕，非地生，发于人间而反以自正。⑥
>
> 故圣人因民之所喜而劝善，因民之所恶而禁奸，故赏一人而天下誉之，罚一人而天下畏之。⑦

法律不是从天上掉下来的，也不是从地上长出来的，而是生在人间，反过来又使人自身端正的东西。法从义而生，义要符合众人之心，亦即合乎人情，这里体现了民本主义的倾向。

---

① 《淮南子·齐俗训》第 343 页。
② 《淮南子·精神训》第 240—241 页。
③ 《淮南子·泰族训》第 681 页。
④ 《淮南子·主术训》第 273 页。
⑤ 《淮南子·主术训》第 299 页。
⑥ 《淮南子·主术训》第 296 页。
⑦ 《淮南子·泛论训》第 454—455 页。

如果说适心是制法的依据和根基，那么对执法者有何要求呢？《淮南子》认为执法之人若是不明天道、不通人情，便不能使得百姓服从。

> 故智过万人者谓之英，……明于天道，察于地理，通于人情。大足以容众，德足以怀远，信足以一异，知足以知变者，人之英也；……四海之内，一心同归，背贪鄙而向义理，其于化民也，若风之摇草木，无之而不靡。今使愚教知，使不肖临贤，虽严刑罚，民弗从也。①

智慧超过万人的人叫作"英"，"英"不但要明于天道、察于地理，还要通于人情。用这样的能人治理天下，才能使四海之内，一心同归；相反，任用不肖之人，施加严酷刑罚，老百姓便不会服从。同时，《淮南子》还讲："所禁于民者，不行于身。"② 又讲："人主之立法，先自为检式仪表。"③ 强调了执法者自身的警示和榜样作用，这种认识是"依据儒家反求诸己和推己及人的精神……极自然的发展"④，是充分体察人情的体现。

《淮南子》意识到法不可或缺，认为要通过"内恕反情"而形成仁和智，以仁和智为根基形成的义和法才是为政的基础。

首先，以义补法不足。"府吏守法，君子制义，法而无义，亦府吏也，不足以为政。"⑤ 单纯有法不足以为政，还要有义，那么义从何而来？其次，仁智合而生义。"故仁智错，有时合，合者为正，错者为权，其义一也。"⑥ 义是由仁和智所合而成。智者、仁者都是以通晓人情为前提的，"遍知万物而不知人道，不可谓智；遍爱群生而不爱人

---

① 《淮南子·泰族训》第 682—683 页。
② 《淮南子·主术训》第 297 页。
③ 《淮南子·主术训》第 297 页。
④ 韦政通：《中国思想史·上》，长春：吉林出版集团有限责任公司，2009 年，第 310 页。
⑤ 《淮南子·主术训》第 314 页。
⑥ 《淮南子·主术训》第 314 页。

类，不可谓仁"①。对万物普遍了解却不懂得人道，不能叫作智；对众
生普遍爱护却不爱人类，不能叫作仁。"仁者爱其类也，智者不可惑
也。仁者，虽在断割之中，其所不忍之色可见也。"② 仁就是爱人，就
是恻隐之心。最后，如何做到仁智合而生义呢？要"内恕反情"，心地
宽厚，返本归情，"内恕反情，心之所欲，其不加诸人，由近知远，由
己知人，此仁智之所合而行也。"③ 内恕就是心地宽厚，反情就是以己
之情度他人之情，反躬自省，自己心里不想做的事情，不拿来强加给别
人，做到由近及远、由己知人，这是把仁和智结合起来的做法。

概而言之，以人为中心，从人的普遍情感——仁爱出发，由爱人而
生出不忍、恻隐之心。有了爱人之心，再加上智慧加持，"内恕反情"，
仁和智两者合为正，不合则加以权变，以此为根基形成的义和法才构成
了为政的基础。

《淮南子》进一步引申，如果统治者能够做到爱人、知人，天下就
太平了。

> 所谓仁者，爱人也；所谓知者，知人也。爱人则无虐刑矣，知
> 人则无乱政矣。治由文理，则无悖谬之事矣；刑不侵滥，则无暴虐
> 之行矣。上无烦乱之治，下无怨望之心，则百残除而中和作矣，此
> 三代之所昌。……故仁莫大于爱人，知莫大于知人。二者不立，虽
> 察慧捷巧，劬禄疾力，不免于乱也。④

爱人、知人都是以人为中心、以情感为出发点。道家很少讲仁、
爱，庄子更是将仁义和性情对立，"天下莫不奔命于仁义，是非以仁义
易其性与？"⑤ 在这里提倡爱人的《淮南子》明显吸收了儒家的仁义
学说。

---

① 《淮南子·主术训》第 314 页。
② 《淮南子·主术训》第 314 页。
③ 《淮南子·主术训》第 314 页。
④ 《淮南子·泰族训》第 698—699 页。
⑤ 《庄子·胼拇》第 234 页。

有学者认为《淮南子》"攻击儒家的仁义道德、法家的法治行政"①，这是值得商榷的。《淮南子》也讲仁，不过，儒家的仁最终目的是培养社会道德伦理，《淮南子》的仁更加侧重个人情性的养成。《淮南子》也重视法，认为适心是制法的根基，且"法籍礼义者，所以禁君，使无擅断也"②，法可以起到限制君权的作用。

综上所述，《淮南子》蕴含着丰富的情感理论，它对情所下的定义涉及了情绪表现、感官体验和内心活动，意识到了人的神经在情感产生中的作用，这在中国古代情感学发展过程中是具有开创性的。他的"适情返真"体现了道家的养生之道；他的适情而制礼、"文情理通"的观点体现了儒家的礼学思维③，相比儒家强调外在行为对内心情感的塑造，重视以礼养情而达到入世的实用目的，《淮南子》更重视情感本身的表达，重视以礼回归心灵的原始纯朴、情感的终极真实。《淮南子》"适情观"的可贵之处在于：对于情有一种豁达宽容的态度，即使充分认识到了纵欲乱情的危害，仍然能以客观理性的态度阐述情感，适情说虽不乏节制的内涵，但更侧重独立个体的感受，更具有人文关怀的意味。关注人，重视情感，考察人的一喜一怒、一动一静，这体现了《淮南子》对于个体、对于人的价值，对人的精神世界的高度关注。通过对适情的研究可以看出，如果说老子侧重对自然宇宙进行宏观的探索，《淮南子》更关注人细腻的情感世界；如果说庄子注重的是个体心性的自由，《淮南子》则更侧重心性、情感的安适。安适是节制，更是满足，满足实际上也是一种心灵的自由。在两千多年前的汉代，一部君主专制制度下诞生于王侯府内的著作，能够在情感问题上着重笔墨，能

---

① 金春峰：《汉代思想史》，北京：中国社会科学出版社，1987年，第215页。
② 《淮南子·主术训》第295页。
③ 《淮南子》的适情论和儒家倡导的"中节"论相通，荀悦也认为："喜怒哀乐思虑，必得其中"（《申鉴·俗嫌》第14页）。后世二程也认为："喜怒哀乐未发，何尝不善？发而中节，则无往而不善"（《二程集·河南程氏遗书卷第二十二上·伊川杂录》第292页）。强调情发生后的节制和适度。

够追寻"内不失其情"①"怀情抱质"② 的情怀,是多么可敬又可叹。

第二节 董仲舒的天道与人情

一、天道与人情

(一)喜怒哀乐发于天道

董仲舒以天道附会人事,认为人道源于天道,人的喜怒哀乐也是上天所赐,"天地之所生,谓之性情"③,"夫喜怒哀乐之发……非人所能蓄也。"④ 性情是上天和大地的孕育,不是人为能够蓄养的。董仲舒将人的形体、血气、德行、好恶、喜怒、命运等,无论是物化的,还是精神的,都类比于天道,譬如人的喜怒哀乐和四季是相互对应的,"天亦有喜怒之气、哀乐之心,与人相副。以类合之,天人一也"⑤,"人之形体,化天数而成;人之血气,化天志而仁;人之德行,化天理而义;人之好恶,化天之暖清;人之喜怒,化天之寒暑;人之受命,化天之四时;人生有喜怒哀乐之答,春秋冬夏之类也。喜,春之答也,怒,秋之答也,乐,夏之答也,哀,冬之答也,天之副在乎人。"⑥ "喜怒之祸,哀乐之义,不独在人,亦在于天"⑦,个人的情感变化是不完全由个体决定和控制的,还有一个外在的天和地,董仲舒用自然现象生硬地比附人情表现,为个人的情感世界充分创造了天道依据。

创造天道依据旨在突出天道对人情的掌控作用,用天的力量说明遏

---

① 《淮南子·原道训》第 10 页。
② 《淮南子·缪称训》第 326 页。
③ 《春秋繁露·深察名号》第 298 页。
④ 《春秋繁露·王道通三》第 330 页。
⑤ 《春秋繁露·阴阳义》第 341 页。
⑥ 《春秋繁露·为人者天》第 318—319 页。
⑦ 《春秋繁露·天辨在人》第 335 页。

制情欲的合理性："天有阴阳禁，身有情欲桎，与天道一也。是以阴之行不得干春夏，而月之魄常厌于日光，乍全乍伤。天之禁阴如此，安得不损其欲而辍其情以应天？"① 不仅人的情感发源于天道，人要节制情欲也是符合天道规律的、是天经地义的。

（二）情和性、欲

董仲舒吸取了先秦儒家思想和阴阳五行学说②，认为万物都有阴阳之分，"天地之气，合而为一，分为阴阳，判为四时，列为五行"③，性和情的存在正如阴和阳的存在，互相依存，缺一不可，"身之有性情，若天之有阴阳也，言人之质而无其情，犹言天之阳而无其阴也，穷论者，无时受也。"④

在董仲舒看来，人性包含着性和情，性和情是总属于广义的人性的，"天地之所生，谓之性情。性情相与为一瞑，情亦性也。"⑤《论衡·本性》记载了董仲舒对这个问题的阐述："天之大经，一阴一阳。人之大经，一情一性。性生于阳，情生于阴。阴气鄙，阳气仁。曰性善者，是见其阳也。谓恶者，是见其阴者也。"⑥ 人是阴阳的合体，所以也是性情的合体，性是阳的，情是阴的。若认为人性善，那是见到了人性中"性"——阳的一面；若认为人性恶，那是见到了人性中"情"——恶的一面。有了性就有了善端，有了情就有了恶端。因而"天生民性有善质，而未能善"⑦ 的原因就是情。有了情，人性就有成恶的可能，"人之诚有贪有仁。仁贪之气，两在于身。……身之名，取诸天，天两有阴阳之施，身亦两有贪仁之性。"⑧ 气分阴阳，阳仁阴贪，

---

① 《春秋繁露·深察名号》第 296 页。
② "儒家与阴阳家结合形成新儒家"。（参见熊铁基：《秦汉文化史》，上海：东方出版中心，2007 年，第 135 页。）
③ 《春秋繁露·五行相生》第 76 页。
④ 《春秋繁露·深察名号》第 299—300 页。
⑤ 《春秋繁露·深察名号》第 298 页。
⑥ 《论衡·本性》第 31 页。
⑦ 《春秋繁露·深察名号》第 302 页。
⑧ 《春秋繁露·深察名号》第 296 页。

因而性仁情贪。

此外，情贪还突出表现在欲望上。董仲舒认为情和人欲有着密切联系，明确指出"情者，人之欲也"①，"人欲之谓情，情非度制不节"②。情就是人的欲望，而欲望就是罪恶的根源。

> 大富则骄，大贫则忧。忧者为盗，骄者为暴，此众人之情也。……今世弃其度制，而各从其欲，欲无所穷，而欲得自恣，其势无极。大人病不足于上，而小民羸瘠于下，则富者愈贪利而不肯为义，贫者日犯禁而不可得止，是世之所以难治也。③

一旦各从所欲，无穷无尽的欲望就会导致社会混乱，这是个人为恶、国家难治的根本原因。因此，治乱就是对人欲，亦即人情的压制，正所谓"使人人从（纵）其欲，快其意，以逐无穷，是大乱人伦，而靡斯财用也"④，要扬善去恶，发扬属于阳的善性，遏制属于阴的恶情。

二、以礼体情、安情

董仲舒认为有了情，人性就有成恶的可能，那么，如何才能把握情，使得人人向善呢？董仲舒认为"好色而无礼则流，饮食而无礼则争，流争则乱"⑤，要遏制情，必须依靠礼来节制性情。这本身属丁礼的功能，之前诸多学者已经阐释过，并没有什么独特之处，然而董仲舒还提出了一个"以礼安情论"，主张以礼来体情、安情，这种论点还是颇有创见的。

董仲舒讲："夫礼，体情而防乱者也，民之情，不能制其欲，使之度礼，目视正色，耳听正声，口食正味，身行正道，非夺之情也，所以

---

① 《汉书·董仲舒传》第 2501 页。
② 《汉书·董仲舒传》第 2515 页。
③ 《春秋繁露·度制》第 227—229 页。
④ 《春秋繁露·度制》第 232 页。
⑤ 《春秋繁露·天道施》第 469 页。

安其情也。"① 如前文所述，既然董仲舒将人情理解为恶端而大加批判，为何在此却提倡体情、安情呢？

因为董仲舒也认识到了人之常情的合理性，认识到人的自然欲望是不能杜绝的，只能加以引导和节制——以礼"体情"，何谓体情？体情就是去体察人的感觉、情绪和心理需求，挖掘人的内在真实，就是引导人之常情向着正色、正声、正味、正道上追求，而不是杜绝人们对于色、声、味、道等正常的生理和心理欲望。对情不是剥夺，而是体察；不是惩戒，而是安抚，这才是礼的真正目的。苏舆注曰："'体情'二字，最得作礼之意。学者不知此义，遂有以礼度为束缚，而迫性命之情者矣。"② "体情""安情"都是承认了情的合理性，不是否定人之常情，而是从人之常情的角度理解人心③。

对春秋时期的司马子反事件的评述体现了董仲舒对情礼关系的理解。楚庄王派兵围攻宋国，宋国粮食耗尽，百姓饥饿难忍，饿殍遍野。宋国大将华元去拜见楚国大将司马子反，向其讲述了宋国惨状。司马子反顿生恻隐之心，和华元订盟退兵。《春秋》大大赞赏司马子反。然而却有人批评司马子反是"内专政而外擅名"④，因为春秋之法，"卿不忧诸侯，政不在大夫。子反为楚臣而恤宋民，是忧诸侯也；不复其君而与敌平，是政在大夫也"⑤，认为司马子反不请示君主，私自下命令，是为了博名而擅权僭越的行为，是违背法度和礼制的。

董仲舒从人之常情入手，抽丝剥茧地分析了司马子反的内心情感状态。董认为"为其有惨怛之恩，不忍饿一国之民，使之相食。推恩者远之而大，为仁者自然为美。今子反出己之心，矜宋之民，无计其闲，

---

① 《春秋繁露·天道施》第 469—470 页。
② 《春秋繁露·天道施》第 469 页。
③ 唐代李翱提出了"性善情恶，复性灭情"论，有学者认为这是受到了董仲舒性情论的影响，其实，董仲舒并不主张"灭情"，而是"安情""体情"。宋明理学的"存天理，灭人欲"则是对与董仲舒思想的极端发展，都歪曲了董的本义。
④ 《春秋繁露·竹林》第 52 页。
⑤ 《春秋繁露·竹林》第 52 页。

故大之也"①，司马子反有同情别人的爱心，有不忍百姓饥饿的恻隐之心，在这种前提下，推广恩惠、实行仁道是自然而然的，也是值得赞颂的。董仲舒接着分析了人自发的情绪反应："夫目惊而体失其容，心惊而事有所忘，人之情也；通于惊之情者，取其一美，不尽其失。……今子反往视宋，闻人相食，大惊而哀之，不意之至于此也，是以心骇目动而违常礼。"② 惊诧使得举止失措，这是人之常情，子反没有预料到贫困饥饿到如此地步，内心惊骇，做出违背常礼的事，这也是可以理解和原谅的。董仲舒又谈到了礼的本质："礼者，庶于仁、文，质而成体者也。今使人相食，大失其仁，安著其礼，方救其质，奚恤其文，故曰：'当仁不让。'此之谓也。"③ 礼是吸取仁爱、文饰其本质而成为体制的。战争使得百姓饿殍遍野，甚至易子而食，完全体现不出仁爱来，如何去彰显礼呢？礼的本质就是为了体现、表达内心的仁爱之情，司马子反的做法完全是一个仁人君子的反应，是人之恻隐之心的体现④，这个分析充分体现了董仲舒对人情的理解，以及体情、安情的主张。

可见，礼若要做到体情、安情，关键要重礼之质，要以情感的真实为基本。礼应重视心志而反对功利，向往真诚而排斥虚伪，因为虚伪做作就容易导致矫情。董仲舒批判道："虽矫情而获百利兮，复不如正心而归一善。"⑤ 行礼要重真情，感情真挚比恪守礼节更为可贵。"礼之所重者在其志"⑥，什么是志？志就是心志，就是内心情感和动机。"志为质，物为文，文著于质，质不居文，文安施质？质文两备，然后其礼

---

① 《春秋繁露·竹林》第 52 页。
② 《春秋繁露·竹林》第 54—55 页。
③ 《春秋繁露·竹林》第 55 页。
④ 在董仲舒看来，只要是以仁、爱为目的，就可以舍弃虚文，做出了违背礼制的事情也可以原谅，这种以动机、情感作为论断依据的认识，含情入理，其被冰冷神化的阴阳五行学说所充斥的字里行间，传递出对人之常情的体认和觉察，董在此基础上提出了原情论罪的主张。
⑤ 何香久：《中国历代名家散文大系·先秦·秦汉卷》，北京：人民日报出版社，1999年，第 591 页。
⑥ 《春秋繁露·玉杯》第 27 页。

成"①，内心情感是本质的体现，外物仪节只是文饰，文质兼备才能称之为礼。如果做不到文质兼备，则宁肯保留质而舍弃文，"俱不能备而偏行之，宁有质而无文。"② 董仲舒还引用孔子之言："故曰：'礼云礼云，玉帛云乎哉！'推而前之，亦宜曰：朝云朝云，辞令云乎哉！'乐云乐云，钟鼓云乎哉！'引而后之，亦宜曰：丧云丧云，衣服云乎哉！是故孔子立新王之道，明其贵志以反和，见其好诚以灭伪，其有继周之弊，故若此也。"③ 礼要体现出深层的内涵，以表情达意为最终目标。董仲舒以《春秋》记载文公娶妻事件为例，认为文公袷祭、纳币这些行为虽然违背了礼制，却没有遭到批评，文公在居丧期间娶妻反而遭到讽刺，董仲舒分析说是因为"三年之丧，肌肤之情也"④。丧礼是用来感怀父母肌肤般亲切的情感的，《春秋》之所以讥讽文公居丧娶妻，是"贱其无人心也"⑤。因为《春秋》论事，"莫重于志"⑥，志是心志、动机、意愿，也是情感的表达。《春秋》重视的是礼制下面掩盖的情感和心意，而不是礼的外在，认为袷祭、纳币这些行为不过是礼的外在形式罢了。

三、王霸之道本于天心、人情

董仲舒认为天有阴有阳，性有善端，情有恶端，因此，在治国方略上主张德主刑辅、礼法并用，"故刑者德之辅，阴者阳之助也"⑦；"教，政之本也。狱，政之末也。"⑧ 教化是治世之路，而教化要顺应性情而施，引导人性向善。

---

① 《春秋繁露·玉杯》第 27 页。
② 《春秋繁露·玉杯》第 27 页。
③ 《春秋繁露·玉杯》第 30 页。
④ 《春秋繁露·玉杯》第 25 页。
⑤ 《春秋繁露·玉杯》第 26 页。
⑥ 《春秋繁露·玉杯》第 25 页。
⑦ 《春秋繁露·天辨在人》第 336 页。
⑧ 《春秋繁露·精华》第 94 页。

天生民性有善质，而未能善，于是为之立王以善之，此天意也。民受未能善之性于天，而退受成性之教于王，王承天意，以成民之性为任者也。今案其真质，而谓民性已善者，是失天意而去王任也。万民之性苟已善，则王者受命尚何任也。①

今万民之性，有其质而未能觉，譬如暝者待觉，教之然后善。当其未觉，可谓有善质，而不可谓善。②

莫不以教化为大务，立大学以教于国，设庠序以化于邑，渐民以仁，摩民以谊，节民以礼。故其刑罚甚轻而禁不犯者，教化行而习俗美也。③

从这几段话可以总结出：一是实施教化的前提是人生来就有善性，因为人有善的根性，所以教化才能教养人性、导人向善。"人受命于天，有善善恶恶之性，可养而不可改"④，王道要从人性入手，使人发觉善性，成为善人。对于百姓的情、性要加以了解、引导和顺应，"是以必明其统于施之宜，……知其物矣，然后能别其情也。故倡而民和之，动而民随之，是知引其天性所好，而压其情之所憎者也。……乃是谓也，故明于情性乃可与论为政。"⑤ 一定要了解百姓的性情，辨别他们的喜恶，满足人民天性喜爱的，压制人民情感上厌恶的，这样才能使得人民附和拥戴。

二是谁来实行教化？教化掌控在谁手里？董仲舒认为是王，王者受命来教化万民情性，即是王道教化。"王承天意，以成民之性为任也"，"天下者无患，然后性可善，性可善，然后清廉之化流，清廉之化流，然后王道举，礼乐兴，其心在此矣。"⑥

三是王道教化的具体手段在于礼制，用礼来养性抑情，"节民以

---

① 《春秋繁露·深察名号》第 302 页。
② 《春秋繁露·深察名号》第 297 页。
③ 《汉书·董仲舒传》第 2503 页。
④ 《春秋繁露·玉杯》第 34 页。
⑤ 《春秋繁露·正贯》第 143—144 页。
⑥ 《春秋繁露·盟会》第 141 页。

礼"，"情非度制不节"①，这里的"度制"就是儒家的礼制。"故圣王已没，而子孙长久安宁数百岁，此皆礼乐教化之功也。"②

可见，王道就是以礼乐为手段，顺应、引导和教化性情。如果说《淮南子》强调培养人的心性来调理情，注重人自身的修身养性，董仲舒则更重视外在物化的手段即礼仪制度来调节性情，并且把这个教化的权力完全交付于君王手中。因为他认为人情是法天而来，礼仪也是法天而制，"仁义制度之数，尽取之天"③，而君王更是受命于天，那么得出王道教化这样的结论也是自然合理的了。为君之道就是仰仗君王的权势和威慑力，投民所好而又节其所欲，利用人的性情制定相应的赏罚制度，这就是霸道的体现。

> 民无所好，君无以权也。民无所恶，君无以畏也。无以权，无以畏，则君无以禁制也。无以禁制，则比肩齐势而无以为贵矣。故圣人之治国也，因天地之性情、孔窍之所利，以立尊卑之制，以等贵贱之差，设官府爵禄，利五味，盛五色，调五声，以诱其耳目，自令清浊昭然殊体，荣辱踔然相驳，以感动其心；……故圣人之制民，使之有欲，不得过节；使之敦朴，不得无欲；无欲有欲，各得以足，而君道得矣。④

人民没有喜好，没有厌恶的事物，君主就无法使他们畏惧，无法节制人民。因此，治理国家要依据天地的性情，利用声、色、味等诱导人们的耳目，建立相应的尊卑制度，排定贵贱等级，设置爵位俸禄，实施相应的赏罚。圣人节制人民，使他们的欲望得到满足，又不能过度；使他们纯朴的本性得以保持，又不能没有欲望。此外，以君主节制引导百姓性情，君主本身也是受到天的约束的，董仲舒讲："屈君而伸天"，君王虽然受命于天，但是也受到天的约束，天的喜怒哀乐的表现就是祥

---

① 《汉书·董仲舒传》第 2515 页。
② 《汉书·董仲舒传》第 2499 页。
③ 《春秋繁露·基义》第 351 页。
④ 《春秋繁露·保位权》第 172—174 页。

瑞和灾异的出现。"天亦有喜怒之气、哀乐之心，与人相副。以类合之，天人一也"①，以祥瑞和灾异来赞扬和警示君主，这里有着以天情来约束君性的意思。

总之，以顺应天意为前提、以维护君权为核心、以教化节制和引导性情，利用人情利害实施赏罚，德主刑辅，这就是董仲舒王霸之道的内涵。王霸之道体现出对君王神圣地位的推崇和美化，美化的手段就是以天道附会人世，这就使其理论由于增加了天道神秘感而变得陌生和严肃，但是又由于最终脱离不开对人世的关注而不乏亲切和温情。譬如他讲仁，一方面认为仁是天心，"春秋之道，大得之则以王，小得之则以霸……霸王之道，皆本于仁。仁，天心，故次以天心。"② 苏舆注："《春秋》之旨，以仁为归。仁者，天之心也。"此处的"仁"没有落实到生活中的爱人之心，而是归结于上天之心。另一方面，又将仁扎根到生活中的爱人之心，"仁者憯怛爱人，谨翕不争，好恶敦伦，无伤恶之心，无隐忌之志，无嫉妒之气，无感愁之欲，无险诐之事，无辟违之行，故其心舒，其志平，其气和，其欲节，其事易，其行道，故能平易和理而无争也。如此者谓之仁。"③ 既借天道的神秘莫测来增强其权威性和说服力，又企图归因到人间情感，增强其亲民性和可行性，这种自身的矛盾导致他的理论一方面工具性、实用性太过明显，多了一种冷眼旁观的漠然，缺少了《淮南子》那样的人文厚度；另一方面，多少体现了一定的生活温情，譬如他的春秋决狱理论，就体现了对人性情感的

① 《春秋繁露·阴阳义》第341页。
② 《春秋繁露·俞序》第161页。
③ 《春秋繁露·必仁且智》第258页。韦政通认为"孔子的仁，最基本的意义，是在确立人的道德主体，它直接的表现就是爱"，而董仲舒却把"原来发之于心性的仁，转换为取之于天。原来人本主义的道德理论，现在又被改为道德的天启说，历史重新走回头的路。"（韦政通：《中国思想史·上》，长春：吉林出版集团有限责任公司，2009年，第332页。）徐复观则认为这段话"都是从他内心体验所说出的，与孔门言仁，亦深相契合。"（徐复观：《两汉思想史》（第二卷），上海：华东师范大学出版社，2001年，第228页。）本文认为董仲舒一方面讲天之仁，但没有忽略生活之仁，这正是他以人世附会天道特点的体现。

觉察和理解，将在后文制度篇中详加论述。

第三节　利欲和仁爱的冲突——盐铁会议中的情感利器

汉昭帝始元六年（公元前81年），朝廷召开了以"议罢盐铁榷酤"为主旨的盐铁会议。会议一方以御史大夫桑弘羊为代表，一方以贤良文学为代表。双方围绕是否罢盐铁、均输，以及是否和匈奴和亲展开了激烈的争辩。

关于盐铁问题，桑弘羊反对向百姓广开财路，反对藏富于民，认为"放民于权利，罢盐铁以资暴强，遂其贪心，众邪群聚，私门成党，则强御日以不制，而并兼之徒奸形成也"[①]。如果让百姓手里有了权力，就遏制不住他们的贪念，会导致"不轨之民，困桡公利，而欲擅山泽"[②]，因为百姓的本性都是嗜利好欲的，"天下攘攘，皆为利往，赵女不择丑好，郑姬不择远近，商人不愧耻辱，戎士不爱死，力士不在亲，事君不避其难，皆为利禄也"[③]，百姓"非惰则奢也"[④]，"贪鄙有性，君子内洁己而不能纯教于彼"[⑤]，对他们开恩惠，就是助长他们的奢侈之风，放任他们懒惰的情、性："今日'施惠悦尔，行刑不乐'，则是闵无行之人，而养惰奢之民也。"[⑥] 因此只有严刑峻法才能限制他们的邪心歪念，要"绳之以法，断之以刑，然后寇止奸禁"[⑦]。而儒家提倡的礼乐教化是不能改变人性嗜好利欲的本质的，"今刑法设备而民犹犯

---

① 《盐铁论·禁耕》第36页。
② 《盐铁论·取下》第301页。
③ 《盐铁论·毁学》第140页。
④ 《盐铁论·授时》第268页。
⑤ 《盐铁论·疾贪》第262—263页。
⑥ 《盐铁论·授时》第268页。
⑦ 《盐铁论·大论》第418页。

之，况无法乎？"① "孔子倡以仁义而民不从风，伯夷遁首阳而民不可化。"② 既然如此，治民就只能采用重刑密法，"盗伤与杀同罪，所以累其心而责其意也"。要用强力来威吓百姓，让他们时刻战战兢兢、安安分分，不敢有丝毫越轨犯法的念头。

针对桑弘羊的言论，贤良文学针锋相对，认为百姓的本性是善良温顺的，嗜欲好利的贪心是后天受到不良习气的影响所导致的。"古者贵德而贱利，重义而轻财……庠序之教，恭让之理，粲然可得而观也"③，人性变坏是风俗没有校正的缘故，"非性之殊，风俗使然也"④，重贪利的社会风气改变了百姓本来敦厚的性情，"夫导民以德则民归厚，示民以利则民俗薄。俗薄则背义而趋利，趋利则百姓交于道而接于市"⑤，"今郡国有盐铁、酒榷、均输，与民争利，散敦厚之朴，成贪鄙之化。"⑥ 如今社会崇尚奢侈糜烂的生活，虽然"宫室、舆马、衣服、器械、丧祭、食饮、声色、玩好，人情之所不能已也。故圣人为之制度以防之"⑦，然而"士大夫务于权利，怠于礼义，故百姓仿效，颇逾制度"⑧；"商则长诈，工则饰骂，内怀窥觎而心不怍，是以薄夫欺而敦夫薄"⑨，这样上行下效，风气日益变坏。"诸侯好利则大夫鄙，大夫鄙则士贪，士贪则庶人盗，是开利孔为民罪梯也。"⑩ 因此，只有用仁德礼义来教民养民，才能使百姓的善性回归。此外，除了礼乐教导，还要富民，百姓本来是善良淳朴的，只是贫穷使得他们追逐利益，"贫即寡耻，乏即少廉"⑪，因此让百姓生活富足，他们就不会贪心膨胀，这是

---

① 《盐铁论·刑德》第 395 页。
② 《盐铁论·申韩》第 400 页。
③ 《盐铁论·错币》第 30 页。
④ 《盐铁论·大论》第 419 页
⑤ 《盐铁论·本议》第 6 页。
⑥ 《盐铁论·本议》第 1 页。
⑦ 《盐铁论·散不足》第 220 页。
⑧ 《盐铁论·散不足》第 221 页。
⑨ 《盐铁论·力耕》第 16 页。
⑩ 《盐铁论·本议》第 8 页。
⑪ 《盐铁论·国疾》第 214 页。

继承了孔子富而教之的思想。总之，用礼乐仁德引导教化百姓，百姓的善性就发挥出来了。"教之以德，齐之以礼，则民徙义而从善，莫不出孝入悌"，"王者设庠序，明教化，以防道其民，及政教之洽，性仁而喻善。"① 只要经由礼乐的引导，百姓的性情就会向善，贪心就会遏制，这样就可以藏利于民。

关于刑法，贤良文学认为刑法严厉残酷，不通人情，贪官污吏为非作歹，百姓生活在水深火热之中。"今之所谓良吏者，文察则以祸其民，强力则以厉其下，不本法之所由生，而专己之残心。文诛假法，以陷不辜，累无罪，以子及父，以弟及兄。一人有罪，州里惊骇，十家奔亡，若痈疽之相浔，色淫之相连"②，形成了"百姓侧目重足，不寒而栗"③ 的恐怖场景，刑罚的残酷和官吏的贪赃枉法使得法律成为残害百姓的工具。不过，贤良文学并不主张放弃刑罚，而是认为要充分考量制法的根由和施法的依据，法律要"缘人性而制，非设罪以陷人也"④。只有"刑罚中"，才能"民不怨"⑤。此外，除了公正适度的刑罚，还要借助礼乐的预防犯罪功能，"治未形，睹未萌"，"从事于未然，故乱原无由生。"⑥ "法能刑人儿不能使人廉，能杀人而不能使人仁。"⑦ 通过礼乐加强对人格的塑造、情感的培养来预防犯罪。此外，在对待匈奴问题上，文学们出于对仁爱善良本性的坚信，认为对于匈奴，通过感化政策就可以带来和平，"畜仁义以风之，广德行以怀之"⑧，"远人不服，则修文德以来之。"⑨ "未闻善往而有恶来者"⑩，"君子敬而无失，与人

① 《盐铁论·授时》第 268 页。
② 《盐铁论·申韩》第 401 页。
③ 《盐铁论·周秦》第 408 页。
④ 《盐铁论·刑德》第 393 页。
⑤ 《盐铁论·周秦》第 404 页。
⑥ 《盐铁论·大论》第 421 页。
⑦ 《盐铁论·申韩》第 401 页。
⑧ 《盐铁论·本议》第 3 页。
⑨ 《盐铁论·本议》第 5 页。
⑩ 《盐铁论·和亲》第 347 页。

恭而有礼，四海之内皆兄弟也，故内省不疚，夫何忧何惧。"① 总之，贤良文学们希望汉昭帝"继大功之勤，养劳倦之民"②，公卿大夫"宜思所以安集百姓，致利除害，辅明主以仁义，修润洪业之道"③。

综合盐铁会议的主要论辩内容，可以看出，双方争辩的一个重要切入点或基点就是人之性情。桑弘羊一方从人性趋利避害和社会现实角度来分析，重点论述了人在追求物质满足的过程中显露的欲望和贪心，强调了人们对利的追求以及利欲无法抗拒的诱惑力，这是对墨子重利观的吸收，墨子讲："民，生为甚欲，死为甚憎。"④ "我欲福禄而恶祸祟。"⑤ 认为欲望、利益的追求是人的自然天性，趋利避害是无可厚非的正常情感，"利，所得而喜也"，"害，所得而恶也"⑥。在墨子的基础上，桑弘羊生动刻画了人性对利的追求："天下攘攘，皆为利往。"⑦人性趋利避害，因此只能重法任刑，这又是对法家法治思路的继承。桑弘羊的论断过分夸大了物质生活以及物欲对性情的影响⑧，而忽视了精神世界的高层次追求以及人性的多重复杂面向。

如果说桑弘羊重利，贤良文学则重情；桑弘羊认为人性贪鄙，贤良文学则认为人性本善。他们一方面从人性向善的角度论述，认为百姓本来具有仁爱之心，是外界的不良风气影响了百姓的行为，因此要用礼乐引导教化性情；另一方面，在争辩技巧上，贤良文学善于从情感角度打动人心，通过煽情增强其说服力。他们对孟子不忍之心的理论进行了充分的利用和发挥，譬如控诉战争的残酷："言之足以流涕寒心，则仁者

---

① 《盐铁论·和亲》第 347 页。
② 《盐铁论·复古》第 45 页。
③ 《盐铁论·复古》第 45 页。
④ [战国] 墨翟著，吴毓江校注，孙启治校点：《墨子校注》，北京：中华书局，1993 年，第 79 页。
⑤ 《墨子·天志上》第 293 页。
⑥ 《墨子·经上》第 471 页。
⑦ 《盐铁论·毁学》第 140 页。
⑧ 这也和当时社会重利风气有关，"及王恢谋马邑，匈奴绝和亲，侵扰北边，……入物者补官，出货者除罪，选举陵夷，廉耻相冒，武力进用，法严令具，兴利之臣自此而始"（《汉书·食货志》第 1157 页）。趋利的社会风气日渐蔓延。

不忍也"①；控诉大富豪奸商趁机发国难财，利用盐铁官营，盘剥压榨百姓，造成了社会贫富差距严重："公卿积亿万，大夫积千金，士积百金，利己并财以聚。百姓寒苦，流离于路"②，突出强调了百姓困苦无依的惨状，而更让人痛心的是，官吏们完全不去理会百姓之苦："安者不能恤危，饱者不能食饥，故余粱肉者难为言隐约，处逸乐者难为言勤苦。"③ 贤良文学用他们擅长的文学手法饱满地刻画了民不聊生的社会现实。

　　贤良文学立足情感，对百姓深怀同情，这种悲天悯人的情怀带有孟子仁治的民本特征。从对现实的关注可以看出，他们虽为有一定功名成就的儒生文士，却不是不通人情世故、不晓人间疾苦的无用书生，而是有着丰富的才学和灵敏机智的头脑，了解民生民情，通晓官场底细，无论是吏治败坏、刑法严酷，还是百姓日常生活的柴米油盐，都进入了他们的视野，而这种宽广的视野更加激发了他们内心深处的理解和同情。有学者认为"文学这种除刑尚德的思想以及对汉代法治严酷、株连九族的控诉，既突出地表现出孟子人道王政思想的特征，也表现出儒家特有的极其强烈的宗法情感"④。这既是一种宗法情感，也是人的良知的体现，是一种同情关爱之心和悲天悯人的情怀。这种理解之同情使得他们从内心滋生了对百姓的爱护之情，产生了为民请命的使命感，"故为民父母，以养疾子，长恩厚而已"⑤，希望百姓能够"各安其居，乐其俗，甘其食，便其器"⑥，这正是基本的人道主义关怀的体现。

　　贤良文学重视情感，相信人的善良本性，此前汉武帝罪己诏的发布更加坚定了他们的信念。汉武帝的罪己诏是面对生灵涂炭进行的深刻反思和自责，是一种情感上的自省。罪己诏的颁布更加增强了贤良文学的

---

① 《盐铁论·和亲》第 347 页。
② 《盐铁论·地广》第 126 页。
③ 《盐铁论·取下》第 302 页。
④ 金春峰：《汉代思想史》，北京：中国社会科学出版社，1987 年，第 303—304 页。
⑤ 《盐铁论·周秦》第 405 页。
⑥ 《盐铁论·通有》第 24 页。

自信，他们相信君王有一颗爱民惜民之心，相信君王能以天下苍生为念。以此为契机，贤良文学希冀继续激发当政者的悲悯之心，用百姓流离困苦的生存现状来冲击执政者的情感底线。事实证明，贤良文学的控诉达到了目的，虽然他们的一些主张多少带有文人的刻板迂腐和空想之风，但是直抵人心、以情动人，引起了社会上广泛的同情和共鸣。出于综合考量，汉昭帝一朝最终罢郡国榷酤、关内铁官，与民休息，经济得到恢复和发展。

第四节　性情·道德·体验——刘向的人格塑造论

汉代思想家刘向在学术上的成就主要体现在经学、目录学、文献学和文学领域，另外在哲学领域也有着不少真知灼见。明代董其昌评价《说苑》："汉承秦后，师异道，人异学，自仲舒始有大一统之说，然世犹未知归趣。向之此书，虽未尽洗战国余习，大都主《齐鲁论》《家语》而稍附杂以诸子，不至逐流而忘委，是以独列于儒家，是为述圣，可传也。"刘向关于情感的论述多从君子修养角度论证，他格外重视道德的自我实现，对于涉及人性的心、仁、情、礼、欲等都有论述，提出了一套以仁存心、以礼养情、以道制欲的道德品质塑造模式。这套模式是用仁来加强道德认识、以礼来调节情感、以道来平衡生理欲望，其中既有对仁、礼、道的道德认知，又注重在施仁和行礼的实践中体验情感，中间过程时刻伴随着道德的自省和意志锻炼，三者构成了知情意行的合一，体现了他博采众家之长的思想特点和对个体生命及其存在价值的关注。

一、博采众家的人格塑造论

（一）以仁存心

刘向继承了儒家的仁学思想，认为仁是为人之本，"凡司其身，必慎五本：一曰柔以仁……"①，君子应"相劝以礼，相强以仁"②，并多次引用或假托孔子言："君子以忠为质，以仁为卫，不出环堵之内，而闻千里之外；不善以忠化，寇暴以仁围，何必持剑乎？"③"今有人不忠信重厚，而多智能，如此人者，譬犹豺狼与，不可以身近也。"④仁是人的武器，有了仁、忠等品格，胜过暴力利剑；有颗仁心胜过徒有智能，选拔人才，首先要从仁中取材，可谓"亲仁而使能"⑤。

然而刘向的仁学更多地倾向孟子之仁。他继承了孟子的思路，认为仁就是爱心和不忍之心，君子要以仁存心，去体验和实践仁。君王若怀有君子之仁，就会成就仁政。

首先，君子应内心有爱，"爱施者，仁之端也。"⑥刘向从爱着手，倡导用恩惠和爱心来实现仁，"人而不爱则不能仁"⑦，"仁之所在，天下爱之"⑧，"积恩为爱，积爱为仁，积仁为灵，灵台之所以为灵者，积仁也。……是故文王始接民以仁，而天下莫不仁焉"⑨，仁就是爱心的积累。

其次，仁就是恻隐和同情之心。刘向继承了孟子"恻隐之心，仁之端也"⑩的认识，将仁的表现具化为不忍之心、同情之心。他以战国时期乐羊和秦西巴两人的事迹为例，认为有同情心的人善良真挚，是值得依靠和信任的仁人君子，反之，没有同情之心，其人格品质就值得怀疑。

　　　乐羊为魏将，以攻中山，其子在中山，中山县其子示乐羊，乐

---

① ［汉］刘向著，向宗鲁校证：《说苑校证》，北京：中华书局，1987年，第263页。
② 《说苑·谈丛》第399页。
③ 《说苑·贵德》第113页。
④ 《说苑·尊贤》第186页。
⑤ 《说苑·尊贤》第186页。
⑥ 《说苑·谈丛》第407页。
⑦ 《说苑·谈丛》第545页。
⑧ 《说苑·谈丛》第532页。
⑨ 《说苑·修文》第476页。
⑩ 《孟子·公孙丑上》第139页。

羊不为衰志，攻之愈急，中山因烹其子而遗之，乐羊食之尽一杯，中山见其诚也，不忍与其战，果下之，遂为魏文侯开地，文侯赏其功而疑其心。孟孙猎得麑，使秦西巴持归，其母随而鸣，秦西巴不忍，纵而与之，孟孙怒逐秦西巴，居一年，召以为太子侍，左右曰："夫秦巴有罪于君，今以为太子傅，何也？"孟孙曰："夫以一麑而不忍，又将能忍吾子乎？故曰：'巧诈不如拙诚'，乐羊以有功而见疑，秦西巴以有罪而益信；由仁与不仁也。"①

乐羊因为有功反而被怀疑，秦西巴因为有罪反而受到宠信，刘向总结是"由仁与不仁也"的缘故。仁就是将对人的侧隐之心推广到世间万物，对世间万物有一种悲悯情怀。

最后，仁政就是爱心、不忍之心和同情之心的情感转移。一方面是施仁对象的转移，从对妻子的仁、爱推广到天下百姓，这是大仁。孟子讲："推恩足以保四海；不推恩无以保妻子。古之人所以大过人者。无他焉，善推其所为而已矣。"②刘向沿着孟子的思路，认为仁有大仁和小仁，君王要由小仁培养至大仁。"夫大仁者，爱近以及远，及其有所不谐，则亏小仁以就大仁。大仁者，恩及四海；小仁者，止于妻子。"③仁政就是将对妻子的小恩惠普及四海，牺牲小仁来成就大仁。另一方面是情感主体体验的转移，要求君王和百姓情感一体，做到忧百姓所忧，乐百姓所乐，和百姓感同身受。

> 太公对曰："治国之道，爱民而已。……利之而勿害，成之勿败，生之勿杀，与之勿夺，乐之勿苦，喜之勿怒，此治国之道，使民之谊也，爱之而已矣。……故善为国者，遇民如父母之爱子，兄之爱弟，闻其饥寒为之哀，见其劳苦为之悲。"④

君王将百姓看作自己的亲人，就像父母爱护子女、哥哥爱护弟弟一

---

① 《说苑·贵德》第113—114页。
② 《孟子·梁惠王上》第52页。
③ 《说苑·贵德》第99页。
④ 《说苑·政理》第150—151页。

般，看到他们吃不饱、穿不暖，就替他们可怜；看到他们劳苦，就感到悲哀，君王和百姓同甘共苦，感同身受，天下怎么会不安定繁荣呢？孟子讲："大人者，不失其赤子之心者也。"① 刘向则明确提出："圣人之于天下百姓也，其犹赤子乎！"② 君王若能和百姓体验为一体，感同身受，就能实现尧舜那样的大治。"河间献王曰：'尧存心于天下，加志于穷民，痛万姓之罹罪，忧众生之不遂也。'"③ 尧时刻关怀穷人，同情所有人民遭受的痛苦，担忧他们不能事事称心如意。"仁人之德教也，诚恻隐于中，悃愊于内，不能已于其心；故其治天下也，如救溺人，见天下强陵弱，众暴寡；幼孤羸露，死伤系虏，不忍其然。"④ 治理天下就是在内心中时时有不忍的感觉，就好像拯救快要溺水人，对于老弱孤幼深怀恻隐不忍之心。刘向强调君主应持有一颗爱民之心、同情之心，并将这种情感灌输到对民间疾苦的关注中，情感应随着百姓感受的不同而产生波动。

刘向将孟子的仁具化为爱心和不忍之心，是从内在去追寻本体的善性，通过内心的调整去塑造君子人格。"心之得，万物不足为也；心之失，独心不能守也。……高山仰止，景行行止，力虽不能，心必务为。"⑤ 心得是人追求万物的根本，也是人之为人的价值所在。不同的是，孟子过分强调内在的自省作用，很少强调外物的辅助作用，将食色利欲称为"小体"，人的良心本心为"大体"，人要先立大体，"先立乎其大者，则其小者不能夺也。此为大人而已矣"⑥，重视反省自得，返归本心，向内追寻人的良知仁心来培养人格，这是一条至纯至简的内圣之路。

---

① 《孟子·离娄下》第 327 页。
② 《说苑·贵德》第 94 页。
③ 《说苑·君道》第 5 页。
④ 《说苑·贵德》第 95 页。
⑤ 《说苑·谈从》第 393—394 页。
⑥ 《孟子·告子上》第 467 页。

（二）以礼养情

刘向认为礼本情性而立，礼以养人为本。

> 是故先王本之情性，稽之度数，制之礼义。①

> 二、三、四、五之数，本之天地，而制奇偶，度人情而出节
> 文，谓之有因，礼之大宗也。②

> 礼以养人为本，如有过差，是过而养人也。③

虽然刘向没有对礼如何养人深入地进行阐释，但是显然不只是对身体的调养，通过考察他情礼关系的相关论述可以看出，刘向的养人重在培养人的性情、志趣和节操，主要表现在两个方面。

一方面，刘向认为君子要以礼调节喜怒哀乐这些外在的情绪表现，"君子有终身之忧，而无一朝之患，顺道而行，循理而言，喜不加易，怒不加难"④，"喜怒不当，是谓不明"⑤，君子的情感不是随随便便表现出来，而是要符合礼制要求，利于君子修身。他在《说苑》中引用管仲的话，认为君子有三色："优然喜乐者，钟鼓之色；愀然清净者，缞绖之色；勃然充满者，此兵革之色也。"⑥ 不同的礼仪、场合、境况体现的情绪也不尽相同，何时该欢喜、何时该忧愁要表现得适当有度。

另一方面，君子要在行礼过程中达到培养、熏陶深层情感的目的。刘向的以礼养人不是用繁文缛节来约束情感，而是提倡行礼过程中感情自然而然的抒发，无须任何的勉强，不带一丝的做作。他引用孔子之言："无体之礼，敬也；无服之丧，忧也；无声之乐，欢也。"⑦ 认为情感的抒发达到极致，以至于礼仪形式都不放在心上了，这样行礼才能达到养情的目的。刘向引用曾子"礼有三仪"的论述："君子修礼以立

---

① 《说苑·修文》第 504 页。
② 《说苑·修文》第 493 页。
③ 《汉书·礼乐志》第 1033 页。
④ 《说苑·谈丛》第 405 页。
⑤ 《说苑·谈丛》第 391 页。
⑥ 《说苑·权谋》第 315—316 页。
⑦ 《说苑·修文》第 497 页。

志，则贪欲之心不来；君子思礼以修身，则怠惰慢易之节不至；……若夫置樽俎、列笾豆，此有司之事也，君子虽勿能可也。"① 君子行礼就是从内在潜移默化地培养性情，慢慢克服贪欲的心理，改掉怠惰傲慢的习性，这就是礼能养人的表现。

此外，礼乐密不可分。"礼乐之说，管乎人情矣"②，刘向除了重视以礼养情，还特别重视音乐的助情作用，重视音乐对情感的培养，这在《说苑》中占了很大篇幅。刘向认为"乐者，圣人之所乐也，而可以善民心，其感人深，……夫民有血气心知之性，而无哀乐喜怒之常，应感起物而动，然后心术形焉"③。音乐可以调和改善百姓的心性，深深触动人的内心世界，人类的血气心智和情性在受到外界的触动以后就发生了变化，因而乐能感心。以高雅的音乐来塑造情感，就能培养出优良的品德来，"独乐其志，不厌其道，备举其道，不私其欲。是故情见而义立，乐终而德尊，君子以好善，小人以饬听过，故曰生民之道，乐为大焉。"④ 高雅的乐舞能使人的情感得到释放和净化，情感释放完了，所感受到的便是一片平和；音乐终了，性灵便通达爽朗。"是故君子反情以和其志，比类以成其行，奸声乱色，不习于听，淫乐慝礼，不接心术，惰慢邪辟之气，不设于身体。"⑤

刘向以礼养情的观点是继承和发挥了荀子的思想。荀子认为礼源于人无度量的欲望，礼是用来养欲、养情的。

> 礼起于何也？曰：人生而有欲，欲而不得，则不能无求；求而无度量分界，则不能不争；争则乱，乱则穷。先王恶其乱也，故制礼义以分之，以养人之欲，给人之求。使欲必不穷于物，物必不屈于欲。两者相持而长，是礼之所起也。故礼者，养也。……孰知夫

---

① 《说苑·修文》第498页。
② 《礼记·乐记》第1537页。
③ 《说苑·修文》第502—503页。
④ 《说苑·修文》第506页。
⑤ 《说苑·修文》第505页。

礼义文理之所以养情也①。

在荀子看来，礼是养人之欲和养情的，但是这个"养"倾向对欲利的满足和调养。荀子认为人情就是声色安逸等口目欲望，"今人之性，饥而欲饱，寒而欲暖，劳而欲休，此人之情性也"②，"夫贵为天子，富有天下，是人情之所同欲也。"③ 无论是物质的、情感的，还是生理的、心理的，荀子的情就是两个字："利"和"欲"，而养情就是成人之利，足人之欲，礼就是利欲资源分配的原则。因此，如果说荀子是以礼养利、欲，刘向则是以礼、乐养情，在举手投足之间塑造情感，以内在情感来修饰外在行为。荀子之养是使狂热的利欲之心得到暂时安分，刘向则重视用礼培养高尚的道德情操和价值追求，这更是一个道德自我实现的漫长生命历程，"修身者，智之府也"④，是主动地以礼来培养内在，熏陶性情。

（三）以道制欲

刘向有着道家思想的家学渊源，其父刘德"修黄老术，有智略……常持《老子》知足之计"⑤，这对刘向的思想也有着一定影响，他吸收了道家清静无为的主张，提倡用道家的养性学说来抵抗情欲诱惑，强烈反对纵情纵欲，多次提到触情和纵欲，如"待礼然后动，不苟触情，可谓贞矣"⑥；"触情纵欲，谓之禽兽"⑦；"不肖者精化始至，而生气感动，触情纵欲，故反施乱化。……贤者不然，精化填盈，后伤时之不可遇也。不见道端，乃陈情欲以歌。"⑧ 触情是什么？触就是接

---

① 《荀子·礼论》第346—349页。
② 《荀子·性恶》第346页。
③ 《荀子·荣辱》第70页。
④ 《说苑·谈丛》第407页。
⑤ 《汉书·楚元王传》第1927页。
⑥ 张涛译注：《列女传译注》，济南：山东大学出版社，1990年，第118页。
⑦ 《说苑·修文》第479页。
⑧ 《说苑·辨物》第453页。

触，"触，动也。"① 触情是无法避免的，若是"苟触情"——苟且、随便地动情，再加上纵欲，就如禽兽一般了。

那么，如何避免触情纵欲而做出禽兽一般的行为呢？刘向认为除了"待礼然后动"即以礼调节情欲之外，还要从本性上平复血气，清心寡欲，以此来抵抗情欲的诱惑。

具体来说，就是清静无为、平复血气，追求素朴和归真，"故曰中不止，外淫作；外淫作者多怨怪；多怨怪者疾病生。故清静无为，血气乃平。"② 心不端正，就会被外界的欲望影响，就会产生怨愤不满的情绪，最终导致疾病。刘向提倡清净安详的本性，认为"圣人之正，莫如安静"③。在《列女传》中夸赞"姜嫄之性，清静专一"④。在《列女传》的《贤明》一卷中，收录了四位妻子劝夫归隐或随夫隐居的事例，体现了对隐士风度的认同。刘向认为"上清而无欲，则下正而民朴"⑤，主张素朴归真，并引用杨王孙之言："且夫死者，终生之化而物之归者。归者得至，而化者得变，是物各反其真。其真冥冥，视之无形，听之无声，乃合道之情。夫饰外以夸众，厚葬以矫真，使归者不得至，化者不得变，是使物各失其然也。且吾闻之，精神者，天之有也，形骸者，地之有也；精神离形，而各归其真，故谓之鬼。"⑥ 借杨王孙之口，隐喻批评了厚葬的奢靡风气，表达了对素朴自然的追求。

可见，刘向的主张明显是对老子的"我好静而民自正；……我欲不欲而民自朴"⑦，"见素抱朴，少私而寡欲"⑧，以及庄子"洒心去

---

① ［汉］扬雄著，［清末民初］汪荣宝疏，陈仲夫点校：《法言义疏》，北京：中华书局，1987年，第27页。
② 《说苑·谈丛》第403页。
③ 《说苑·谈丛》第394页。
④ 《列女传·母仪·弃母姜嫄》第7页。
⑤ 《说苑·谈丛》第400页。
⑥ 《说苑·反质》第528页。
⑦ 《老子》五十七第106页。
⑧ 《老子》十九第314页。

欲"① 的吸收。不过，虽然刘向和老庄都追求清静无为和自然纯朴，追寻生命中的自然之性，但是两者却有很大不同：老庄追求的是无知无欲的赤子状态，刘向则把这个追求本身看作一个道德自我实现的过程。

具体来说，老子讲道法自然，认为人身这个肉体是欲利的根源，"五色使人目盲，驰骋田猎使人心发狂，……五味使人之口爽，五音使人耳聋"②。庄子讲"无思无虑始知道"③，认为"悲乐者，德之邪；喜怒者，道之过；好恶者，德之失。故心不忧乐，德之至也"④，所以人要"至虚""守静""复归于其根"⑤ "绝学无忧"⑥ "官知止而神欲行"⑦，恢复到本然的赤子之心状态，这是老庄修养的目的。他们追求原始和自然，排斥一切机巧、人为和外力塑造，认为人的生命历程本身就是反自然的，要"恒使民无知无欲"⑧，追求的是无知无欲、无忧无虑的境界。

刘向则认为人欲是符合自然本性的，是不能从根本上消除的，"民之性皆不胜其欲"⑨，"夫民有血气心知之性，而无喜怒哀乐之常"⑩，"嗜欲好恶者，所以悦心也。"⑪ 对欲利快活的追求是无法从根上杜绝的，不过，要经由礼乐教化等手段来使得这种追求变得合理，借助修性等方法来增强对欲利的抵抗能力，从而在一定程度上减少欲念支配下的行差踏错、泥足深陷，这是一个自我认识的过程，也是道德上自我修炼

---

① 《庄子·山木》第 671 页。
② 《老子》十二第 273 页。
③ 《庄子·知北游》第 731 页。
④ 《庄子·刻意》第 542 页。
⑤ 《老子》十六第 298—300 页。
⑥ 《老子》十九第 315 页。
⑦ 《庄子·养生主》第 119 页。
⑧ 《老子》三第 237 页。
⑨ 《说苑·反质》第 512 页。
⑩ 《说苑·修文》第 503 页。
⑪ 《说苑·修文》第 481 页。

的过程。"存亡祸福，其要在身"①，"得道于身，得誉于人"②，他追求的是个体人格的塑造和情感的培养，通过修身养性而有所作为，最终达到治国平天下的目的，这是他以道制欲的根本所在。

二、以情感体验为核心的道德养成

刘向用仁、礼、道来塑造君子品行，在这个过程中十分强调情感的体验。譬如他强调君王要以仁存心，并将这种情感灌输到对民间疾苦的关注中，这实际是一种同情之心的深化和体验，情感可以通过感知、直观、忆念、想象、幻想等转化为旁人能够体验的意象，最终达到感同身受的效果。亚当·斯密认为"无论人如何被视为自私自利，但是，在其本性中显然还存着某种自然的倾向，使他能去关心别人的命运，并以他人之幸福为自己生活所必需，虽然除了看到他人的幸福时所感到的快乐外，别的一无所获。这就是怜悯和同情，当我们看到别人的痛苦，或只是因为栩栩如生地想象到他人的痛苦时，都会有这样的情感"③。对于这种情感的意象体验，老子也提出了"圣人无恒心，以百姓之心为心"④ 的类似主张，刘向将心具化为仁心，具化为一种时刻以仁爱存心的情感体验。

除了以仁存心，刘向的以礼养情也强调在行礼实践中情感的体验，譬如他对冠礼的描述中，侧重以端庄、严整的程式达到修习德性、笃守意志的目的。

> 冠者所以别成人也，修德束躬以自申饬，所以检其邪心，守其正意也。君子始冠必祝，成礼加冠，以厉其心，故君子成人必冠带以行事，弃幼少嬉戏惰慢之心，而衎衎于进德修业之志。是故服不

---

① 《说苑·敬慎》第 240 页。
② 《说苑·谈丛》第 399 页。
③ 罗卫东：《情感·秩序·美德——亚当·斯密的伦理学世界》，北京：中国人民大学出版社，2006 年，第 43—44 页。
④ 《老子》四十九第 58 页。

成象，而内心不变，内心修德，外被礼文，所以成显令之名也。①

行冠礼是成人的标志，"加冠以厉其心"，强调的是冠礼对情感的影响，要使内心废弃孩童般好玩懒惰的心理，端正邪心、笃守意志、雕琢性情，在情感体验中达到内心修德的目的。

再比如他对斋戒之礼的描述中，侧重以记忆的回放和情感的反复体味来释放思慕之情。

> 斋者，思其居处也，思其笑语也，思其所为也；斋三日乃见其所为斋者。祭之日，将入户，僾然若有见乎其容；盘旋出户，喟然若有闻乎叹息之声。先人之色，不绝于目；声音咳唾，不绝于耳；嗜欲好恶，不忘于心；是则孝子之斋也。②

实行斋戒之礼时如何引导内心情感呢？斋戒者要在脑海里时时回忆死者的音容笑貌和举止行为。斋戒三天以后，还要仿佛见着死去的人一样。祭祀那天，踏进房子时，要看起来仿佛见着死者的样貌；慢慢地退出房子时，要仿佛听见死者的叹息。先人的音容笑貌时刻在脑海闪现，在内心深处激荡，先人生前的爱好仍能谨记于心，这才是孝子的斋戒。可以看出，刘向提倡人在行礼时，思维活动要紧跟礼仪的节奏，通过周旋举止引导和释放自己的思慕之情，最终达到调养性情、放松身心的目的。

此外，刘向倡导以道家学说的清静无为来休养身心，要从本性上平复血气、清心寡欲，以此来抵抗情欲的诱惑，这是一种情感的体验，也是意志的磨炼。

现代教育心理学认为良好道德品质的形成要经过四个阶段：道德认识、道德情感、道德意志和道德行为。刘向的人格塑造哲学既有对仁、礼、道的道德认识，又注重在施仁和行礼的实践中体验情感，中间过程时刻伴随着道德的自省和意志锻炼，这是一个知情意行合一的人格塑造

---

① 《说苑·修文》第482—483页。
② 《说苑·修文》第496页。

模式。

三、以个体为中心的人文情怀

刘向重视以情感体验为核心的道德人格塑造根源于他对人之本质的认识，他并不先验地认为人性就是纯善的或纯恶的，而是"性情相应，性不独善，情不独恶"①，因此格外注重后天培养，认为善性可以通过后天学习来塑造和激发，"凡人之性，莫不欲善其德，然而不能为善德者，利败之也"②；人人都有为善的倾向，因此可以存心以仁；相信性情要慢慢熏陶，人是可以通过外在的辅助力量成就完美人格，因此要以礼养情；相信恶性可以感染而成，人抵抗不住情欲的诱惑就会为恶，因此提倡以道制欲。刘向博采众家之长，思想兼容并包，只要对人有用、对社会有益，他都采纳发扬。他继承了孟子的仁学，通过内心自省来成就仁，但也重视以外在礼乐作为辅助手段，他继承了荀子以礼养欲、养情说和道家的清静无为思想，但是更加侧重道德的自我实现，很少带有荀子的实用性倾向和道家的绝世独立意味。

刘向倡导以仁存心、以礼养情和以道制欲，其可贵之处在于对个体生命的关注和对情感塑造的重视。"成人之行，达乎情性之理"③，"夫天文地理人情之效存于心，则圣智之府"④，刘向认为性情通达，才能以独立的个体行走于天地之间，才能完善人格，充分体现个体存在的价值。心理分析学家弗洛姆说："人类心血最大的成品，就是他自己的人格。"⑤ 刘向的情论对于当下健全人格的培养有着重要的借鉴价值。

---

① 《申鉴·杂言下》第 22 页。
② 《说苑·贵德》第 110 页。
③ 《说苑·辨物》第 442 页。
④ 《说苑·辨物》第 442 页。
⑤ 韦政通：《中国思想史（上）》，上海：上海书店出版，2003 年，第 58 页。

第五节　王充起事生情、以礼防情论

一、情的发生和性质

（一）喜怒起事而发，善恶由气而定

王充认为人的情感和天没有必然的联系。针对君主高兴了实施赏赐，天气就会温暖；反之，君主发怒施罚，天气就寒冷这种说法，王充展开了有理有据的批判，认为"天道自然，自然无为"，"春温夏暑，秋凉冬寒"是自然变化，"水旱之至，自有期节"，自然变化与君主的喜怒、政治的治乱无关。他进一步质疑道，君主喜怒时，连自己体内的温度和屋内的温度都无法影响，怎么能影响整个自然界呢？有时候，寒温与君主的喜怒、赏罚确实有所对应，那只是碰巧而已，不能把偶然说成必然。

> 王者之变在天下，诸侯之变在境内，卿大夫之变在其位，庶人之变在其家。夫家人之能致变，则喜怒亦能致气。父子相怒，夫妻相督，若当怒反喜，纵过饰非，一室之中，宜有寒温。由此言之，变非喜怒所生，明矣。①

个人的喜怒无法引起屋内气温的变化，所以说个人的情绪不会影响天的变化。那么天气变化和个人情感的变化有必然联系吗？王充以雷雨为例加以分析，认为害怕雷雨只是人对自然敬畏之情的体现。

> 迅雷风烈，孔子必变。礼，君子闻雷，虽夜，衣冠而坐，所以敬雷惧激气也。圣人君子，于道无嫌，然犹顺天变动，况成王有周公之疑，闻雷雨之变，安能不振惧乎？然则雷雨之至也，殆且自天

---

① 《论衡·寒温》第 153 页。

气；成王畏惧，殆且感物类也。夫天道无为，如天以雷雨责怒人，则亦能以雷雨杀无道。古无道者多，可以雷雨诛杀其身，必命圣人兴师动军，顿兵伤士，难以一雷行诛，轻以三军克敌，何天之不惮烦也？①

雷雨只是自然现象，并不是上天发怒惩罚某人。人们之所以害怕雷雨，只是由于内心受到了触动而已。"人不能以行感天，天亦不随行而应人"②，天变和人情的产生、变化没有必然的关系。王充强调人的情感是由于感物而动的，不是无缘无故发生的，更不是被上天主宰的。个人情绪的形成和天没有必然的联系，那么人情到底是如何产生的呢？王充认为"夫喜怒起事而发"③，喜怒之情不是无缘无故而来，而是在受到外物刺激下产生的。"凡人之有喜怒也，有求得与不得。得则喜，不得则怒。喜则施恩而为福，怒则发怒而为祸。"④ 人的喜怒在于所追求的东西得与不得，在于外物的影响，认为人的需要是情感产生的主要原因⑤。

王充认为性情的善恶是由所禀之气的含量和种类决定的，天地都是客观存在的物质实体，人和万物都是自然而然产生的，"天地合气，万物自生"，所禀之气决定了人性的善恶。

小人君子，禀性异类乎？……禀气有厚泊，故性有善恶也。残则受仁之气泊，而怒则禀勇渥也。仁泊则戾而少愈，勇渥则猛而无义，而又和气不足，喜怒失时，计虑轻愚。妄行之人，罪故为恶。人受五常，含五脏，皆具于身。禀之泊少，故其操行不及善人，犹

① 《论衡·感类》第 200 页。
② 《论衡·明雩》第 163 页。
③ 《论衡·变动》第 160 页。
④ 《论衡·祭意》第 275 页。
⑤ 现代心理学认为需要和情感的发生、性质有着密切关系，如有学者认为"情感是人的需要是否得到满足所引起的一种内心体验"，（任德新，张芊《论道德情感对道德理性与道德意志的驱动》，《南京社会科学》，2006 年第 12 期，第 50 页）可见，王充对情感发生学方面的概括认识是具有开拓性的。不过，王充没有对"得""不得"的内容继续探讨下去。

或厚或泊也。……人之善恶，共一元气，气有少多，故性有贤愚。①

人禀受的气有厚有薄，所以德性有善有恶。凶残的人承受仁的气少，而容易发怒的人则承受勇的气多。仁气少就凶狠而缺少仁慈，勇气多就凶暴而没有情义，再加上阴阳协调和谐的气不足，就变得喜怒失常、轻率而愚昧。行为胡乱的人并非有意作恶，而是生性如此，人有仁、义、礼、智、信五常之气，包容在五脏里，都具备于人体，只因禀受的气薄而少，所以他们的操行不如善人。人性的善恶是同一元气形成的，从天承受的气有多有少，所以人性有贤有愚。这是王充的元气自然论②对气和性情以及人性善恶关系的阐述。

> 董仲舒览孙、孟之书，作《情性》之说曰："天之大经，一阴一阳。人之大经，一情一性。性生于阳，情生于阴。阴气鄙，阳气仁。曰性善者，是见其阳也；谓恶者，是见其阴者也。"若仲舒之言，谓孟子见其阳，孙卿见其阴也。处二家各有见，可也。不处人情性，情性有善有恶，未也。夫人情性，同生于阴阳，其生于阴阳，有渥有泊。玉生于石，有纯有驳，性情生于阴阳，安能纯善？仲舒之言，未能得实。③

人性都有五常之气，禀受的气的内容和分量决定了人性的善与恶，受的仁气多，人就善，否则就恶。王充以此为根基，反驳了董仲舒等人对于情性的认识，认为人的情性同时生于阴阳，却是有厚有薄，导致人性有纯的、善的，也有不纯的、恶的，认为董仲舒的话并不那么真实。

（二）常情与反情

王充认识到对于声色、富贵、权势的追求和向往都是人之常情：

---

① 《论衡·率性》第18页。
② 王充的"思想和学说是'综合儒道，博通百家'。但是，他主要是继承了西汉以来的黄老思想，批判儒家神学目的论以及世俗迷信等的主要理论武器是'元气自然论'"。（参见熊铁基：《秦汉文化史》，上海：东方出版社中心，2007年，第177页）
③ 《论衡·本性》第31页。

"富贵人情所贪，高官大位人之所欲乐，去之而隐，生不遭遇，志气不得也。长沮、桀溺避世隐居，伯夷、於陵去贵取贱，非其志也。"① 认为长沮、桀溺避开世俗隐居，伯夷、於陵放弃富贵而自取贫贱，这是违反人情的，并不是他们的本意②。他还批判了清心寡欲可以长寿的观点。

> 夫恬淡少欲，孰与鸟兽？鸟兽亦老而死。鸟兽含情欲，有与人相类者矣，未足以言。草木之生何情欲？而春生秋死乎？夫草木无欲，寿不逾岁；人多情欲，寿至于百。此无情欲者反夭，有情欲者寿也。夫如是，老子之术，以恬淡无欲、延寿度世者，复虚也。或时老子、李少君之类也，行恬淡之道，偶其性命亦自寿长。世见其命寿，又闻其恬淡，谓老子以术度世矣。③

鸟兽有情欲，这跟人类似。草木活着有什么情欲，而要春天发芽、秋天枯死呢？草木没有情欲，活不超过一年；人有很多情欲，反而能活到一百岁。这样没有情欲的反而早夭，有情欲的却长寿。王充据此认为老子长寿只是以讹传讹，世人见他命长，又听说他清静无欲，所以认为老子是因为道术成仙的。王充在这里怀疑老子少私寡欲以长生的真实性，并不是完全批判老子的修身之道，更不是鼓励人们放纵情欲，而是认为人的生物性欲望和对物质利益追求有其自然合理性，强调人们要正视正常的欲望追求，满足合理的情感需求。

王充认为面对情欲的诱惑，人不能一味地放纵。若"下愚无礼，顺情从欲，与鸟兽同，谓之恶，可也"④。那么，如何节制情欲呢？就是要通过学习来反情治性，节制情欲，"故夫学者所以反情治性，尽材

---

① 《论衡·定贤》第287页。
② 王充以人之常情来揣度伯夷等人，忽视了他们的自身修养和志向，不过在这里，王充实际上更是借此批判当时盛行的隐逸之风。
③ 《论衡·道虚》第74页。
④ 《论衡·非韩》第108页。

成德也。"① 经过学习，人可以反情，从而激发本性，使自己的才能和品德完善起来。这里的反情治性明显是继承了刘向的"学者所以反情治性尽己才者也"的观点。除了学习以反情，王充还重视"以礼防情"的作用，将在后文论述。

（三）亲情与友情

王充认为亲情关系的产生是纯粹偶然的，"夫人之施气也，非欲以生子，气施而子自生矣"②，"夫妇合气非当时欲得生子，情欲动而合，合而生子矣"③，人和万物都是一样的，人的出生不过是自然受气导致的偶然结果，这就否定了董仲舒等创造的天道神秘性。但是王充没有否认在养育子女中产生的伦理亲情④，认为至亲感情是人类共同怀有的感情，但是亲情要有所节制，譬如丧亲之痛要适可而止。

> 然子夏之丧明，丧其子也。子者人情所通，亲者人所力报也。丧亲民无闻，丧子失其明，此恩损于亲而爱增于子也。增则哭泣无数，数哭中风，目失明矣。曾子因俗之议，以著子夏三罪。子夏亦缘俗议，因以失明，故拜受其过。曾子、子夏未离于俗，故孔子门叙行，未在上第也。⑤

除了亲情，王充还谈到朋友之情，从情感的角度对朋友的相处之道做了分析：

---

① 《论衡·量知》第 134 页。
② 《论衡·自然》第 195 页。
③ 《论衡·物势》第 32 页。
④ 学者金春峰总结王充的观点："既然骨肉如路人，大家偶然地来到世间，偶然地聚会又偶然地离去，犹如身上长了虮虱一样，那么，还有什么骨肉恩义可言呢？"认为王充的说法"使儒家的孝道失去了依据"。并且认为祢衡和孔融的看法如："父之与子，当有何亲？论其本意，实为情欲发耳！"和王充"思想渊源上的密切关系是十分明显的。"（金春峰：《汉代思想史》，北京：中国社会科学出版社，1987 年，第 506 页。）本文认为，王充之说并没有否认父母养育子的过程中形成的骨肉亲情，只是否认了父母生养子女的天道神秘性。
⑤ 《论衡·祸虚》第 62 页。

凡人操行，不能慎择友，友同心恩笃，异心疏薄，疏薄怨恨，毁伤其行，一累也。人才高下，不能钧同，同时并进，高者得荣，下者惭恚，毁伤其行，二累也。人之交游，不能常欢，欢则相亲，忿则疏远，疏远怨恨，毁伤其行，三累也。①

朋友之间一条心，感情就深厚；不能一条心，感情就会疏远淡薄，疏远冷淡，就会产生怨恨，进而毁谤伤害朋友，这是一累。人的才能有高有低，不可能等同。同时一起去做官，才能高的得到荣升，才能低的（由于没当上高官）就惭愧怨恨，就毁谤伤害朋友的品行，这是二累。人之间互相来往，不可能总是感情融洽。欢喜的时候就相亲相爱，愤恨的时候就疏远冷淡，一旦疏远怨恨，就毁谤伤害朋友的品行，这是三累。王充认为朋友相交贵在知心，重在情感维系，若是在功名、利禄面前不能调整自身的态度，就会破坏朋友之间珍贵的情谊。

二、情与礼的关系

（一）原情性而制礼

王充认为制定礼的依据是什么呢？

情性者，人治之本，礼乐所由生也。故原情性之极，礼为之防，乐为之节。性有卑谦辞让，故制礼以适其宜；情有好恶喜怒哀乐，故作乐以通其敬。礼所以制，乐所为作者，情与性也。②

王充认为，情性是治理人的根本，礼乐制度就是根据情性制定出来的，要用礼乐来防范、节制情性。性有卑谦辞让，所以制礼使其亲善；情有好恶喜怒哀乐，所以作乐以表示敬意。总之，情性是制礼作乐的根据。

以"徒不上丘墓"的礼俗为例，看看王充如何论述礼根据情性

① 《论衡·累害》第3—4页。
② 《论衡·本性》第29页。

而成。

> 实说其意，徒不上丘墓有二义，义理之讳，非凶恶之忌也。……孔子曰："身体，发肤，受之父母，弗敢毁伤。"孝者怕入刑辟，刻画身体，毁伤发肤，少德泊行，不戒慎之所致也。愧负刑辱，深自刻责，故不升墓祀于先。古礼庙祭，今俗墓祀，故不升墓，惭负先人，一义也。……今已被刑，刑残之人，不宜与祭供侍先人，卑谦谨敬，退让自贱之意也。缘先祖之意，见子孙被刑，恻怛憯伤，恐其临祀，不忍歆享，故不上墓，二义也。①

首先，刑徒因为受刑而充满羞愧之情，内心充满自责，所以没有脸面在先考先妣面前祭祀，虽然不宜让他参与祭祀，但可引导他学会谦逊恭敬，改过自新，这是一层含义。其次，推想先祖的心意，见到子孙受刑就会悲伤心痛，不忍心享受祭供之物，所以不让刑徒参与祭祀，这是第二层含义。两层含义都体察了人的情感心理和精神状态，正是因为人们都认可这样的人之常情，"徒不上丘墓"的风俗就日渐流传开来。

（二）以礼防情

王充多将情和欲合并在一起论述，如"下愚无礼，顺情从欲，与鸟兽同，谓之恶可也"②，"禁情割欲，勉厉为善"③，认为人要抑制对情欲的过度追求，而抑情的手段就是礼。

> 富贵皆人所欲也，虽有君子之行，犹有饥渴之情。君子则以礼防情，以义割欲，故得循道，循道则无祸；小人纵贪利之欲，逾礼犯义，故进得苟佞，苟佞则有罪。夫贤者，君子也；佞人，小人也。君子与小人本殊操异行，取舍不同。④

可以看出，王充并不否定对于富贵的追求，反而认为富贵是人们共

---

① 《论衡·四讳》第249页。
② 《论衡·非韩》第108页。
③ 《论衡·本性》第31页。
④ 《论衡·答佞》第125页。

同的欲望，正如君子也会有饥渴的欲求一般，不过君子能用礼制来克制私心，用道义来抑制私欲，所以能够遵循先王之道而没有灾祸。小人则放纵贪利的欲望，违犯礼义，所以采取不正当的献媚讨好，最终招来祸患。可见，君子与小人的取舍不同，君子以礼防情，而小人则不顾礼义而放纵性情。

（三）情礼相副

孔子去卫国，恰好碰到从前住过的一家旅馆在办丧事，孔子就进去哭祭。出来后，孔子让子贡解下一匹骖马给死者作为丧礼。子贡说礼太重了，孔子回答："予乡者入而哭之，遇于一哀而出涕，予恶夫涕之无从也，小子行之。"① 后来颜渊死了，孔子悲痛到了极点。颜路请孔子卖掉车来为颜渊买椁，孔子却不同意，认为当大夫的出门不可步行。再后来，孔子的儿子孔鲤死了，孔子也没有卖掉车。

王充针对这一故事评价说："孔子脱骖以赙旧馆者，恶情不副礼也。副情而行礼，情起而恩动，礼情相应，君子行之。"② 认为孔子之所以卸下骖马作为丧礼，是因为埋怨自己只流露感情而没有礼物来配合。礼物与感情要相称，这就是情礼相副，君子都是这样做的。王充以此来质疑孔子不为颜回卖车，认为这是自相矛盾的做法，"吊旧馆，脱骖以赙，恶涕无从；哭颜渊恸，请车不与，使恸无副。岂涕与恸殊，马与车异邪？于彼则礼情相副，于此则恩义不称，未晓孔子为礼之意。"③ 认为孔子的做法自相矛盾，不能做到始终如一的情礼相副，此后不为儿子卖车也是不合情理的。

可以看出，王充强调君子应该情礼相应，为了表达情意，要有相应的礼仪表示，而行礼也需要充分的情感依托。王充质疑孔子的情礼相副是名不副实，目的在于强调真情实感。他强烈批判的只是后人将孔子过分神化而导致的举止虚伪的现象，这和王充所处的社会环境有关：当时

---

① 《论衡·问孔》第100页。
② 《论衡·问孔》第100页。
③ 《论衡·问孔》第100页。

虚妄迷信之说盛行，大量神魔鬼怪故事涌现。实际上，王充写《论衡》的宗旨就是"疾虚妄"，即："虚妄显于真，实诚乱于伪，世人不悟，是非不定，紫朱杂厕，瓦玉集糅，以情言之，岂吾心所能忍哉!"① "冀悟迷惑之心，使知虚实之分。"② "匡济薄俗，驱民使之归实诚也。"③希望通过一己之力改易风俗，倡导人们回归真诚。有学者认为王充本人是一个过于理性的人，"是道德感情、艺术感情很稀少的一个人；他便只在象征物的本身去着眼，而完全不从被象征的东西上去着眼，并由象征物的破坏，以破坏被象征的东西；这不仅在学术史上并不代表什么特别意义，并且王充的这种态度，只能使历史中的'人的世界'，趋于干枯寂寞"④。其实，在当时的境地下，王充的可贵之处恰恰在于他的冷静理性，这种理性体现在反对虚伪做作、呼唤真情流露上，正如他批判后世对于孔子的过度美化一样，其目的在于求真求实，他的道德感情、艺术感情稀少，恰恰是因为以道德艺术为幌子的虚情假意太多罢了。

进一步来说，王充也并非文艺感情稀少，譬如他对于文章好坏的论断，认为好文章是应该发自内心以情动人的："精诚由中，故其文语感动人深。"⑤ 真挚的感情发自内心，所以文章上的话才能深刻感人。"诚见其美，欢气发于内也"⑥，确实看到了它的优美之处，高兴之气就发自于内心。"贤圣定意于笔，笔集成文，文具情显，后人观之，见以正伪，安宜妄记？……故夫占迹以睹足，观文以知情。"⑦ 文笔具备而真情显露，后人通过文章就能分辨正邪，所以说占验足迹就可以看出足如何、读文章就可以知道情感如何。文章要真、文艺要真，可见王充追求的不过是真情实感罢了。

---

① 《论衡·对作》第305页。
② 《论衡·对作》第306页。
③ 《论衡·对作》第305页。
④ 徐复观：《两汉思想史》（第二卷），上海：华东师范大学出版社，2001年，第371页。
⑤ 《论衡·超奇》第146页。
⑥ 《论衡·佚文》第218页。
⑦ 《论衡·佚文篇》第220页。

第六节 天理化的人情——《白虎通义》 对情的规范

东汉建初四年（公元 79 年），由于"五经章句烦多，议欲减省"①，汉章帝召开了白虎观会议，目的是"欲使诸儒共正经义"②。班固根据会议记录整理成《白虎通义》③。

一、情的内涵和性质

关于情性的含义，《白虎通义》认为，人有五性六情，五性是"仁义礼智信"④，六情是"喜怒哀乐爱恶"⑤，情是用来"扶成五性"⑥

---

① ［刘宋］范晔撰，［唐］李贤等注：《后汉书》，北京：中华书局，1965 年，第 138 页。

② 《后汉书·章帝纪》第 138 页。

③ 关于《白虎通义》的性质，侯外庐认为是封建社会的法典，是"庸俗的经学和神学的混合物"，是"利用经义为汉制法"，（侯外庐：《中国思想通史》，北京：人民出版社，1957 年，第 225 页。《汉代白虎观会议与神学法典〈白虎通义〉》，载《侯外庐史学论文选集》（上册），北京：人民出版社，1987 年，第 397 页。）任继愈认为"属于经学的范围，不算作国家正式颁布的法典，但它的内容规定了国家制度和社会制度的基本原则……起着法典的作用"，"总的说来，《白虎通》是神学经学化，经学神学化双重关系指导编纂的一部经学官方答案。"（任继愈：《中国哲学发展史》，北京：人民出版社，1985 年，第 474、110 页。）金春峰认为"虽然由于皇帝亲临裁决而使这部名词汇编具有官方经学和权威法典的性质，但它还是以学术形式出现的，它的学术性是占主导地位的"（金春峰：《汉代思想史》，北京：中国社会科学出版社，1987 年，第 459 页。）葛兆光认为"并不是班固个人的思想而是当时经过君主认可的国家意识形态的理论表述"（葛兆光：《中国思想史》，上海：复旦大学出版社，2009 年，第 389 页。）姜广辉主编《中国经学思想史》认为其"在东汉具有宪法的地位，为章帝之后的东汉诸帝确立了施政理国的大经大法"。（姜广辉：《中国经学思想史》，北京：中国社会科学出版社，2003 年，第 378 页。）还有学者认为《白虎通义》的真正意义是"在引经书以定礼制，以为治国的凭藉"，"礼制人伦的制定才是最主要的目的"（林丽雪：《〈白虎通〉"三纲"说与儒法之辨》，《中国哲学史研究》，1984 年第 4 期）。

④ 《白虎通疏证·情性》第 381 页。

⑤ 《白虎通疏证·情性》第 382 页。

⑥ 《白虎通疏证·情性》第 382 页。

的。关于情性的发生，《白虎通义》认为"人本含六律五行气而生，故内有五脏六腑，此情性之所由出入也"①，情性由于脏腑所生，而"五脏六腑"则由于"六律五行"而来，这更多的是一种附带神学气息的推断，把人看作阴阳五行之气构成的情、性主体，人的情感具有先验性和脱离生活的神秘性。

关于情性的属性，《白虎通义》认为：

> 情性者，何谓也？性者阳之施，情者阴之化也。人禀阴阳气而生，故内怀五性、六情。情者，静也。性者，生也。此人所禀六气以生者也。故《钩命决》曰："情生于阴，欲以时念也。性生于阳，以理也。阳气者仁，阴气者贪。故情有利欲，性有仁也。"②

很明显，这是对董仲舒情性论的继承③，董仲舒讲人有贪、仁两性，《白虎通义》则扩展为五性六情，更重要的是，《白虎通义》明确指出了性就是理的观念④，认为性有仁，性就是天经地义的道德规范，而情有利欲，要被五性克制，从而成德。情、性被阴阳化了，并被赋予了道德属性。

---

① 《白虎通疏证·情性》第 382 页。

② 《白虎通疏证·情性》第 381 页。

③ 在《白虎通义》对于董仲舒观点的继承方面，参见黄朴民：《〈白虎通义〉对董仲舒新儒学的部分发展》，（《社会科学辑刊》，1989 年第 6 期，第 84—87 页。）文章认为董仲舒的天地生成观"具有朴素唯物论与朴素辩证法性质，但董仲舒很快又将它们幻化为意志性感情性的实体了"。而《白》是"正宗的新儒学，但它的宇宙生成论马上就落实到纲常上去了。"黄又认为《白》"提出'情性'的复合概念，来阐述人性的善恶"，"比董仲舒高明一些"。本文认为，在情性问题上，董的"安情"论是《白》不能比拟的，《白》因为更加神学化，依托于阴阳五行论证人的情性，因而在对情的态度上，缺少了一点人文关怀。

④ 宋明理学的"性者理也"是对《白虎通义》的继承和发扬。"从儒家产生之后，就逐渐开始强调理（道、志），把'志'和'情'对立起来，如《礼记·乐记》之'反情以和其志'，《荀子·乐论》之'以道制欲（情欲）'，要以'道'、'志'（也就是理）来限制人们的情欲，把理摆在第一位。这在儒家思想成为统治思想的汉代就是如此"。（参见熊铁基：《秦汉文化史》，上海：东方出版中心，2007 年，第 220 页）。

二、天理下的人情

《白虎通义》的核心要旨在于对宗法体系的构建，这个构建是从恩爱之情着手的，《白虎通义》认为，人生来就重视亲情人伦，这是人和禽兽的不同之处，"人所以有姓者何？所以崇恩爱、厚亲亲、远禽兽、别婚姻也。故纪世别类，使生相爱，死相哀，同姓不得相娶者，皆为重人伦也。"① 基于血缘关系，在日常相处中生成的亲情应该是自然且满怀真诚的，由于血缘远近而产生亲疏之别，也是人之常情。

> 族者，何也？族者，凑也，聚也。谓恩爱相流凑也。……生相亲爱，死相哀痛，有会聚之道，故谓之族。《尚书》曰："以亲九族。"族所以有九何？九之为言究也，亲疏恩爱究竟，谓之九族也。②

一方面，宗族的产生是因为恩爱相聚，聚而成族。亲人相处之间感情真挚，"生相亲爱，死相哀痛"，在生活情感的根基上，逐渐建立起宗族制度。另一方面，血缘有远近，感情有深浅，因而"亲疏恩爱究竟"，形成了爱的等差性质，这也是人之常情。这段话从生活入手，入情入理，没有附会天道，没有牵强义理，虽然目的是以宗族血缘亲疏来论证贵贱尊卑的合理性，但仍有其合理之处。

三、人情中的天理

由情感维系的人伦在《白虎通义》看来，其实更多的是根基于神圣不可侵犯的宇宙法则，譬如《白虎通》认为"地顺天"③，因而"子顺父，妻顺夫，臣顺君"④；因为"地之承天"⑤，所以"妻之事夫，臣

---

① 《白虎通疏证·姓名》第 401 页。
② 《白虎通疏证·宗族》第 397—398 页。
③ 《白虎通疏证·五行》第 194 页。
④ 《白虎通疏证·五行》第 194 页。
⑤ 《白虎通疏证·五行》第 166 页。

之事君"①；因为"日行迟，月行疾"②，所以"君舒臣劳"③；因为
"木之藏火"④，所以"父为子隐"⑤；因为"水逃金也"⑥，所以"子为
父隐"⑦；因为"四时有孟、仲、季"⑧，所以有长幼之分；因为"水合
流相承"⑨，所以有相交之道。从人的情感世界上升到了宇宙法则和自
然规律，从感性体验深入到了所谓的理性规范，其目的就是为以三纲六
纪为中心的宗法伦理体系增强说服力和合理性。

> 所以称三纲何？一阴一阳谓之道，阳得阴而成，阴得阳而序，
> 刚柔相配，故六人为三纲。⑩

> 六纪者，为三纲之纪者也。师长，君臣之纪也，以其皆成己
> 也。诸父、兄弟，父子之纪也，以其有亲恩连也。诸舅、朋友，夫
> 妇之纪也，以其皆有同志为己助也。⑪

> 纲者，张也。纪者，理也。大者为纲，小者为纪，所以张理上
> 下，整齐人道也。人皆怀五常之性，有亲爱之心，是以纲纪为化，
> 若罗网之有纪纲而万目张也。⑫

《白虎通义》以天道宇宙观、阴阳五行和数术方技理论推论出伦理
道德的合理性，又从恩爱之情、亲爱之心着手，论证宗法体系的合情
性，一个是天理，一个是人情。一方面凭借上天的神秘震慑作用对人的
心理施加压力；另一方面采取温情脉脉的攻势将人束缚于道德规范的条

---

① 《白虎通疏证·五行》第 166 页。
② 《白虎通疏证·日月》第 424 页。
③ 《白虎通疏证·日月》第 424 页。
④ 《白虎通疏证·五行》第 196 页。
⑤ 《白虎通疏证·五行》第 196 页。
⑥ 《白虎通疏证·五行》第 196 页。
⑦ 《白虎通疏证·五行》第 196 页。
⑧ 《白虎通疏证·五行》第 197 页。
⑨ 《白虎通疏证·五行》第 197 页。
⑩ 《白虎通疏证·三纲六纪》第 374—375 页。
⑪ 《白虎通疏证·三纲六纪》第 375 页。
⑫ 《白虎通疏证·三纲六纪》第 374 页。

条框框中，官方的意识形态由此渗透至村野民间，对百姓的人际伦常产生着重要影响。天理和人情两方面的结合是《白虎通义》流传于世的根基，也是让士人和民众遵循和信服的理论支撑。

譬如尊尊之礼，《白虎通义》一方面认为天尊地卑，要明确尊卑之礼，"朝廷之礼，贵不让贱，所以明尊卑也"①；另一方面认为"礼，庶人为国君服齐衰三月。……礼不下庶人，何以为民制服何？礼不下庶人者，尊卑制度也。服者，恩从内发，故为之制也"②，指出"恩从内发"，强调人内心情感的依托。

譬如丧礼，《白虎通义》一方面以天道阴阳论述礼制的神圣性，同时强调行礼的真诚、感情的真挚，"丧礼不言者何？思慕尽情也"③；"丧礼必制衰麻何？以副意也。服以饰情，情貌相配，中外相应。故吉凶不同服，歌哭不同声，所以表中诚也。……腰绖者，以代绅带也。所以结之何？思慕肠若结也。必再结云何？明思慕无已。"④

譬如音乐，一方面说乐是人情无法避免的，"人情之所不能免焉也"⑤。乐是人类共通的情感表达，是非常自然的："乐所以必歌者何？夫歌者，口言之也。中心喜乐，口欲歌之，手欲舞之，足欲蹈之。"⑥另一方面说乐也是"天地之命，中和之纪"⑦，"歌者象德，舞者象功"⑧，以五行附会五音，以五音推衍五常，并围绕伦理纲常的合理性展开论证："乐者，乐也。君子乐得其道，小人乐得其欲。……乐在宗庙之中，君臣上下同听之，则莫不和敬。在族长乡里之中，长幼同听之，则莫不和顺。在闺门之内，父子兄弟同听之，则莫不和亲。故乐

---

① 《白虎通疏证·礼乐》第 126 页。
② 《白虎通疏证·丧服》第 506—507 页。
③ 《白虎通疏证·丧服》第 518 页。
④ 《白虎通疏证·丧服》第 510—511 页。
⑤ 《白虎通疏证·礼乐》第 95 页。
⑥ 《白虎通疏证·礼乐》第 95—96 页。
⑦ 《白虎通疏证·礼乐》第 95 页。
⑧ 《白虎通疏证·礼乐》第 115 页。

者，……所以和合父子君臣、附亲万民也。是先王立乐之方也。"① 由天地、人情论述到君臣、父子、长幼和顺亲附，用天地阴阳来比附人际关系。

随着白虎观会议的召开，以人情为基础的伦理道德观念最终以国家纲领的形式确定下来，成为宗族社会的根本章程。总体来看，《白虎通义》中伦理宗法体系的根基不是人，而是神；不是情感，而是天理，但它从根本上无法撇清情感的作用，因为伦理关系的形成始终要以情感为奠基。梁漱溟曾言："伦理关系，即是情谊关系，亦即是其相互间的一种义务关系。伦理之'理'，盖即于此情与义上见之。更为表示彼此亲切，加重其情与义，则于师恒曰：'师父'，而有'徒子徒孙'之说；于官恒曰：'父母官'，而有'子民'之说；于乡邻朋友，则互以叔伯兄弟相呼。举整个社会各种关系而一概家庭化之，务使其情益亲，其义益重。"②《白虎通义》依靠情感维系将家庭关系道德化，将社会关系伦理化，为了增强这种维系的牢固性，《白虎通义》借助了天道阴阳的作用。因此，《白虎通义》虽然充满谶纬神学，但是不乏真情动人之处。

《白虎通义》是一个具有高度权威性的总结纲领，如果说各个思想家因其特色之处而散发出个人魅力，影响有限，《白虎通义》作为国家性质的施政纲领，其威慑力和效用辐射范围更为强大广泛。《白虎通义》一手天理，一手人情，助推官方意识形态向基层渗透，汉代社会宗法伦理化的时代特质日益凸显出来。

第七节　情感理想与现实利害——王符的情论

东汉中后期，国家局势动荡不安，社会矛盾日益尖锐。这一时期的

---

① 《白虎通疏证·礼乐》第93—94页。
② 梁漱溟：《中国文化要义》，上海：学林出版社，1987年，第79—80页。

思想家相较于之前的学者，很少在学术上做纯粹的思辨，他们将目光转向社会现实和国家命运，反映在情感认知中，表现为对道德、利害与情感关系的思考，多了一分政治情怀和对国家命运、百姓民生的深切关注，这在王符的情感论述中表现得较为突出。

一、情感与社会现实

（一）私情对善性的侵蚀

王符对情感是颇为重视的，他说："情性者，心也，本也。"① 他继承了孟子的学说，认为恻隐之心人皆有之，"夫恻隐人皆有之，是故耳闻啼号之音，无不为之惨凄悲怀而伤心者；目见危殆之事，无不为之灼怛惊而赴救之者。"② 人们对待陌生人都能心生恻隐，何况君臣之间相处日久，他们之间相互尊重信任应该是自然的情感回报，然而现实中，"此后贤虽有忧君哀主之情，忠诚正直之节，然犹且沈吟观听行己者也。"③ 虽然贤臣有忧君哀主的情怀，却只是观望沉默不语，这是因为现实中执政者内存私心、私爱泛滥，国家不能重用贤人导致的恶劣后果。"苟以亲戚色官之人典官者，譬犹以爱子易御仆，以明珠易瓦砾，虽有可爱好之情，然而其覆大车而杀病人也必矣。"④ 如若君王任由私爱泛滥，就会造成政治混乱，"或君则不然，己有所爱，则因以断正，不稽于众，不谋于心，苟眩于爱，惟言是从。此政之所以败乱，而士之所以放佚者也。"⑤ 王符希望人们能克制私爱，节制私心，避免因私情而招祸。这体现了他对人情的洞察和对现实的清醒认识。

（二）情感与利害的博弈

从人际情感层面来说，王符认为"交际之理，其情大矣"⑥。朋友

---

① 《潜夫论·德化》第71—372 页。
② 《潜夫论·明忠》第360—361 页。
③ 《潜夫论·明忠》第360—361 页。
④ 《潜夫论·思贤》第86 页。
⑤ 《潜夫论·潜叹》第99 页。
⑥ 《潜夫论·交际》第342 页。

若是志趣相投，在慢慢相处中推心置腹，就会结成深厚的情谊，"恩情相向，推极其意，精诚相射，贯心达髓，爱乐之隆，轻相为死"①，情感日益深厚，真诚互相感化，甚至达到可以为对方放弃生命的地步，这就是友情的动人之处。王符也认识到友情的时效性："欢忻久交，情好旷而不接，则人无故自废疏矣"②，倡导朋友间保持往来，从而维护稳定、持久的友情。王符认为友情应该是日益深厚的："'人惟旧，器惟新。昆弟世疏，朋友世亲。'此交际之理，人之情也"③，然而现在世风却日益转变，人们或是背弃旧交，或是冷淡疏远、半路绝交，王符分析原因说："势有常趣，理有固然。富贵则人争附之，此势之常趣也；贫贱则人争去之，此理之固然也。"④ 富贵就亲近，贫贱就背弃，这在汉代普遍成了社会风气，友情在利益面前变得日益功利化，而功利化就使得情感趋向虚伪和做作。王符总结了世上有三件令人忧虑的事情："情实薄而辞称厚，念实忽而文想忧，怀不来而外克期。"⑤ 情义本来很薄，却非要说成很厚；对别人本来没有记挂在心，却说一直很惦念；本来不想见面，却约定相见日期，强调友情要真挚和发自内心，不能造作和虚伪。

王符认为利益对真情的腐蚀若泛滥到政治生活当中，会造成贤人不能重用的后果。如果识人、交往以利益为前提，那么就无法真正地选贤举能，"交渐而亲，必有益者也，俗人之相于也，有利生亲，积亲生爱，积爱生是，积是生贤，情苟贤之，则不自觉心之亲之，口之誉之也。"⑥ 有好处才亲近，亲近了就会喜欢，喜欢了就看不出缺点，看不出缺点就认为是贤能，一旦认为是贤能，不知不觉间，心就已经被吸引了，嘴就已经赞誉起来了，如果没有利益驱动，又将如何呢？"无利生

---

① 《潜夫论·交际》第 342 页。
② 《潜夫论·交际》第 336 页。
③ 《潜夫论·交际》第 333 页。
④ 《潜夫论·交际》第 333 页。
⑤ 《潜夫论·交际》第 352 页。
⑥ 《潜夫论·交际》第 337 页。

疏，积疏生憎，积憎生非，积非生恶，情苟恶之，则不自觉心之外之，口之毁之也。"① 没有好处就疏远，疏远了就憎恶，憎恶了就看不到优点，看不到优点就认为是恶人，一旦认为是恶人，不知不觉心已经开始排斥了，嘴已经诋毁起来了，这就造成了对人的偏见。"是故富贵虽新，其势日亲；贫贱虽旧，其势日疏，此处子所以不能与官人竞也。"② 因为利益，与富贵之人即使新交，也日益亲近，与贫贱之人虽是旧友，却日益疏远，这样就造成了真正的贤人得不到重用，"世主不察朋交之所生，而苟信贵臣之言，此絜士所以独隐翳，而奸雄所以党飞扬也。"③ 这样迫使清洁之士只能隐居独处于民间，而奸雄被重用而飞扬跋扈，最终导致社会风气日益败坏，"乃汉世则有竞趋富贵，争去贫贱，交利相亲，交害相疏者矣。"④ 王符针砭时弊，言辞犀利，对这种重利轻情的风气鞭挞得畅快淋漓。

（三）忧国爱民的情感诉求

王符认为，作为一国之君，应该有忧国爱民之情，"帝王之所尊敬，天之所甚爱者，民也。"⑤ 首先，爱民就要顺应民心人情。"帝以天为制，天以民为心，民之所欲，天必从之"⑥，君主要顺人情而施道术，"民有性，有情，有化，有俗。情性者，心也，本也。化俗者，行也，末也。末生于本，行起于心。是以上君抚世，先其本而后其末，顺其心而理其行。心精苟正，则奸匿无所生，邪意无所载矣。"⑦ 性情是心，是根本；风气习俗是外在的，是末节。末节生于根本，行为发自内心。所以高明的君主治理国家，应该先抓根本，再抓末节，顺其情性而规范其行为。"务厚其情而明则务义，民亲爱则无相害伤之意，动思义则无

---

① 《潜夫论·交际》第337页。
② 《潜夫论·交际》第337页。
③ 《潜夫论·交际》第337页。
④ 《潜夫论·交际》第333页。赵注
⑤ 《潜夫论·忠贵》第108页。
⑥ 《潜夫论·遏利》第26页。
⑦ 《潜夫论·德化》第371—372页。

奸邪之心"①，如果心志情感端正了，诡诈邪念就无处立身了，"非法律之所使也，非威刑之所强也，此乃教化之所致也。"②

其次，爱民就要做到和百姓同甘苦、共欢乐，"圣王之政，普覆兼爱，不私近密，不忽疏远，吉凶祸福，与民共之，哀乐之情，恕以及人，视民如赤子，救祸如引手烂。是以四海欢悦，俱相得用。"③圣王恩德遍布四海，兼爱无私，喜怒哀乐都让百姓分享，所以四海安乐，民众各得其所，"且夫国以民为基，贵以贱为本。是以圣王养民，爱之如子，忧之如家。"④如果圣王能够视民如子，百姓就会知恩图报："凡民之所以奉事上者，怀义恩也。"⑤百姓感怀君王恩德，就会服从治理、侍奉君主⑥。

最后，爱民的前提是忧国。王符批判了朝廷只顾自己安乐，不顾国家安危的腐败风气。当时羌人入侵内地，横行无忌，然而大臣们却推托巧辩："今苟以己无惨怛冤痛，故端坐相仍，又不明修守御之备，陶陶闲澹，卧委天（缺字）。……会坐朝堂，则无忧国哀民、恳恻之诚，苟转相顾望，莫肯违止，日晏时移，议无所定，已且须后。"⑦大臣们整天优哉游哉，玩忽职守，上朝时没有忧虑国家、哀伤百姓的诚意，只是相互观望，不敢表态，直到天色已晚，仍拿不出一定的意见，争着退缩在后边。王符还批判这些尸位素餐的大臣不考虑百姓士兵的痛苦，各怀

---

① 《潜夫论·德化》第 376 页。
② 《潜夫论·德化》第 376 页。
③ 《潜夫论·救边》第 256 页。
④ 《潜夫论·救边》第 266 页。
⑤ 《潜夫论·救边》第 267 页。
⑥ 王符提倡情感上的互动观念，认为感情的付出要有相应的回报，这样才是仁和恕："论彼恕于我，动作消息于心。"（《潜夫论·交际》第 346 页。）要以己度人，行为出自内心，"我之所有，不以讥彼"（《潜夫论·交际》第 346 页。），我拥有的东西，不去嘲笑别人没有，"感己之好敬也，故接士以礼，感己之好爱也，故遇人有恩"（《潜夫论·交际》第 346 页。），自己感到受了尊敬，对待别人就有了礼节，感到受了爱护，对待别人就有恩德，此外，还有"善人之忧我也，故先劳人，恶人之忘我也，故常念人"等（《潜夫论·交际》第 346 页。）。这正和孔子讲的"己所不欲勿施于人"，"己欲立而立人，己欲达而达人"的相报和以己度人的理念相吻合。
⑦ 《潜夫论·救边》第 263 页。

苟且之计，得过且过："夫仁者恕己以及人，智者讲功而处事。今公卿内不伤士民灭没之痛，外不虑久兵之祸，各怀一切，所脱避前。"①

"忧国哀民、恳恻之诚"是一种对百姓生活、国家命运的忧虑关切之情，儒家推崇修身齐家治国平天下，这里面除了有个人抱负的施展，还包括关心时事，担忧百姓的人文情怀。忧国爱民是王符对执政者提出的情感要求②，希望他们培养出一种对百姓生活、国家命运的情怀和理想，体现了他心忧天下的高尚节操。

二、礼对情感的矫正

王符认为人性不是一成不变的，其受到富贵的诱惑，就会背离本性。"且夫窃位之人，天夺其鉴，神惑其心。是故贫贱之时，虽有鉴明之资，仁义之志，一旦富贵，则背亲捐旧，丧其本心。"③ 要修得良好的情、性，离不开后天的学习和培养。

> 人之情性，未能相百，而其明智有相万也。此非其真性之材也，必有假以致之也。君子之性，未必尽照，及学也，聪明无蔽，心智无滞，前纪帝王，顾定百世。此则道之明也，而君子能假之以自彰尔。④

经过学习，才能耳目无所蔽塞，心智无所凝滞，明辨百世治乱得失，而为帝王之师。学习的重要内容之一就是礼制，学礼可以节制人情的喜怒："先王因人情喜怒之所不能已者，则为之立礼制而崇德让。"⑤

---

① 《潜夫论·边议》第 271 页。
② 汉代常常以"忧国"作为称赞官员的评语，如《汉书·傅喜传》记载傅喜："忠诚忧国。"（《汉书·傅喜传》第 3380 页）。汉代也经常因为"不忧国"责备、贬黜大臣。如成帝诏曰："公卿列侯、亲属近臣，四方所则，未闻修身遵礼，同心忧国者也。"（《汉书·成帝纪》第 324 页。）哀帝时朱博弹劾丞相孔光："丞相光志在自守，不能忧国。"（《汉书·朱博传》第 3407 页。）汉哀帝下诏曰："今相朕，出入三年，忧国之风复无闻焉。"（《汉书·孔光传》第 3357 页。）孔光遂被免为庶人。
③ 《潜夫论·忠贵》第 112—113 页。
④ 《潜夫论·赞学》第 10 页
⑤ 《潜夫论·断讼》第 235 页。

其次，学礼可以培养人的廉耻之心："务节礼而厚下，复德而崇化，使皆卓于养生而竞于廉耻也。""邪心黜而奸匿绝，然后乃能协和气而致太平也。"① 百姓有廉耻之心，就能远离邪恶，最终奸宄绝迹，和气充盈，天下大治。

关于如何实践礼，王符把礼和诗词歌赋进行比较，认为行礼要像写诗作赋一样痛快地宣泄喜怒之情，达到表情达意的目的，"诗赋者，所以颂善丑之德，泄哀乐之情也，故温雅以广文，兴喻以尽意。"② 王符批判了当时写诗作赋的文人只注重华丽辞藻的堆砌，搞得佶屈聱牙，荒诞不经。行礼也是如此，许多人"违志俭养，约生以待终，终没之后，乃崇饬丧纪以言孝，盛飨宾旅以求名，诬善之徒，从而称之，此乱孝悌之真行，而误后生之痛者也"③。这违背了"养生顺志，所以为孝也"④ 的儒家主旨。

王符认为，学习的同时，要加强自我反省，常怀忧惧之心，加强情志的锻炼。《易经》中有句话："使知惧，又明于忧患与故。"王符对此深入分析道："凡有异梦感心，以及人之吉凶，相之气色，无问善恶，常恐惧修省，以德迎之，乃其逢吉，天禄永终。"⑤ 凡是有奇异的梦触动内心，或昭示吉凶，考察气色，不必询问善恶，常怀恐惧之心，反省修养身心，用道德去面对它，就会永远遇到吉祥，一生顺利，安享天命。

经过对礼等规范的修习实践，君子就能成就完善的情感，"夫君子闻善则劝乐而进，闻恶则循省而改尤，故安静而多福；小人闻善（脱字），闻恶即慑惧而妄为，故狂躁而多祸。"⑥ 君子听到善事就鼓舞勉励自己的德行，听到恶行就修正反省，因此安宁祥和福气多；小人听到恶

① 《潜夫论·班禄》第 172 页。
② 《潜夫论·务本》第 19 页。
③ 《潜夫论·务本》第 20 页。
④ 《潜夫论·务本》第 20 页。
⑤ 《潜夫论·梦列》第 323 页。
⑥ 《潜夫论·卜列》第 293 页。

事却恐惧妄为，所以轻狂暴躁祸患多。经过道德的修炼，人能更好地控制自然情感，有益于身心的健康和境界的提升。

三、以怒止杀、大义灭亲

王符认为理想的治国方略应该是礼治，然而现实中人情好利偏私，纯用礼乐道德无法达到化解人心的目的。

> 先王因人情喜怒之所不能已者，则为之立礼制而崇德让，人所可已者则为之设法禁而明赏罚。今市卖勿相欺，婚姻无相诈，非人情之不可能者也。是故不若立义顺法，遏绝其原。初虽惭怵于一人，然其终也，长利于万世。小惩而大戒，此所以全小而济顽凶也。①

王符认为人情的规范工具有两个：一个是礼，一个是法。两者的关系是：如果人情里面普遍存在的不能禁绝的，就通过礼乐修习来调整，对于人们能够轻易控制的譬如做生意不要欺诈、婚姻不要欺骗等能够做到却不去做，就不如制定法律来杜绝。王符建议把属于民事范畴的婚姻、财产纠纷等列入刑罚范畴，这反映了当时由于社会发展，财产、婚姻等纠纷增多导致诉讼剧增的社会现实，"今一岁断讼，虽以万计，然辞讼之辩、斗贼之发，乡部之治、狱官之治者，其状一也，本皆起民不诚信，而数相欺给也。"② 对现实的认识使他更倾向法治的强制作用，"法令行则国治，法令弛则国乱"③，指出不用法治，只讲德化，是迂腐不知变通的想法，"此非变通者之论也，非叔世者之言也"④。王符还强调"五代不同礼，三家不同教"⑤，应当根据社会现实、人情表现而立法执法，这体现了王符因时制宜的法家思想特点，具有一定的时代进

---

① 《潜夫论·断讼》第 235 页。
② 《潜夫论·断讼》第 226 页。
③ 《潜夫论·述赦》第 190 页。
④ 《潜夫论·衰制》第 242 页。
⑤ 《潜夫论·断讼》第 224 页。

步性。

王符主张君王不能单纯施用温和的仁政，而是大刀阔斧地宣泄喜怒好恶来规整社会，"君子之有喜怒也，盖以止乱也。故有以诛止杀，以刑御残"①，仁君发怒而任用刑法，任用刑法可以使得天下安定，要用杀人来制止杀人，要用刑罚来预防犯罪，若百姓触犯刑法，就应该不讲情面地依法惩治，"圣主有子爱之情，而是有杀害之意，故诛之，况成罪乎？"② 在执法过程中，应该不顾人情、公正执法，甚至要做到大义灭亲，"王法公也。无偏无颇，亲疏同也。大义灭亲，尊王之义也。"③王符反对将穷凶极恶之人宽大处理。

> 今夫性恶之人，居家不孝悌，出入不恭敬，轻薄慢傲，凶悍无辨，明以威侮侵利为行，以贼残酷虐为贤，故数陷王法者，此乃民之贼，下愚极恶之人也。虽脱桎梏而出囹圄，终无改悔之心，自诗以赢救头，出狱踟蹰，复犯法者何不然。④

王符认为性恶之人是很难改变其本质的，他们不孝、不恭、傲慢、凶悍、暴虐、残酷，经常犯法，穷凶极恶，从来没有改过自新的心思，"大恶之资，终不可化，虽岁赦之，适劝奸耳。"⑤ 这些有着穷凶极恶品性的人是无法改变本质的，对他们宽赦就等于鼓励他们作恶。

为什么这些性恶之人无法改变本性呢？王符认为性恶不是一天形成的，而是日益积累造成的恶果，很难悔改："夫积恶习非久，致死亡非一也。世品人遂。"⑥ 只能通过严刑峻法加以惩治。

不过，常年的儒家经义浸润使得王符的法治理论趋向温和，认为法

---

① 《潜夫论·衰制》第242页。这个说法继承了前人观点，如"文王一怒而安天下之民，而武王亦一怒而安天下之民"（《孟子·梁惠王下》）；如召文子："吾闻之，喜怒以类者鲜，易者实多。诗曰：'君子如怒，乱庶遄沮；君子如祉，乱庶遄已。'君子之喜怒，以已乱也。"（《春秋左传正义·宣公十七年》）
② 《潜夫论·述赦》第194页。"子爱"，是慈爱的意思。
③ 《潜夫论·释难》第328页。
④ 《潜夫论·述赦》第182页。
⑤ 《潜夫论·述赦》第183页。
⑥ 《潜夫论·慎微》第146页。

的要旨在于通过情感的培养使得人人向善："夫立法之大要，必令善人劝其德而乐其政，邪人痛其祸而悔其行。"① 让善人从仁德中受到鼓励，感到欢悦，让邪恶之人对惹下的灾祸感到痛苦和悔恨，避免以后再犯。这里强调了法以服其心为上的目的。在具体断案中，王符强调"原情论意，以救善人，非欲令兼纵恶逆以伤人也"②。在断案应该考察事实，依据情理，兼顾人情，"是故周官差八议之辟，此先王所以整万民而致时雍也。《易》故观民设教，变通移时之议。今日捄世，莫乎此意。"③政府应该体察民情加以教化，依据时势决定统治方法。此外，官员不能因为个人的喜怒而滥杀无辜，"妄加喜怒以伤无辜，故能乱其政以败其民，弊其身以丧其国者，幽、厉是也。"④

总之，和其他学者比较，王符更强调个人的价值和主动性，认为"人行之动天地，譬犹车上御驷马，蓬中擢舟船矣，虽为所覆载，然亦在我何所之可。……书故曰：'天功人其代之'"⑤，"天地之所贵者人也"⑥，人是有价值的自主性和独立性的个体，因此，个体情感的培养对于齐家治国平天下是关键和必需的。可见，王符的论证视角更多地立足社会现实，他对情感问题的关注也集中在利害和道德情感的关系，以及对君臣情感的培养和矫正上。

第八节　荀悦性动生情、化情原心论

关于荀悦的思想，以往的思想史研究并不是很重视，侯外庐的《中国思想通史》、徐复观的《两汉思想史》、金春峰的《汉代思想史》

① 《潜夫论·断讼》第 236 页。
② 《潜夫论·述赦》第 196 页。
③ 《潜夫论·述赦》第 196 页。
④ 《潜夫论·德化》第 380 页。
⑤ 《潜夫论·本训》第 366 页。
⑥ 《潜夫论·赞学》第 1 页。

都没有涉及。周桂钿的《秦汉思想史》就其"政体""俗嫌""人性"做了讨论。学者陈启云认为"荀悦的思想结束了汉代思潮的最后篇章，并开始了中古思想史的新段落"①。著者赞同这种看法，也以荀悦的论述作为汉代情论的终篇。明代王鏊评价荀悦："其论政体，无贾谊之经制而近于醇，无刘向之愤激而长于讽。"② 从荀悦对于人情及其与礼法关系的阐释上，可以看出荀悦的情感思想涉及个体修身、社会教化、治国安邦等多个层面，有着理论上的深度和创见③。

一、情感的基本问题

(一) 性动是情，情不主恶

荀悦讲："易称干道变化，各正性命，是言万物各有性也。观其所感，而天地万物之情可见矣。是言情者，应感而动者也。"④ 认为情是性受外物所感而成，这种说法继承了《淮南子》的认识，不过，荀悦更明确了情就是性动的概念："凡情、意、心、志者，皆性动之别名也。"⑤

---

① 陈启云：《中国古代思想文化的历史论析》，北京：北京大学出版社，2001 年，第256 页。

② 周桂钿：《秦汉思想研究 7 秦汉思想史（下）》，福州：福建教育出版社，2015 年，第52 页。

③ 周桂钿认为："荀悦生于乱世而有惊世之才，论到政体、时事，却无一言明确针对时弊的批评"。（周桂钿：《秦汉思想史》，石家庄：河北人民出版社，2002 年，第471 页。）这和荀悦所处的时代有关联，东汉末年政局腐败，荀悦和堂弟荀彧都入仕曹操，荀彧后来被逼自杀，可见当时政局之险恶，况且荀悦"性沉静。……灵帝时阉官用权，士多退身穷处，悦乃托疾隐居，时人莫之识。"个性沉静内向，"善处浊世"，"无一言及于操"（王鏊：《申鉴》序），表现在文笔思想中，也不会有惊世骇俗之论。但荀悦对于现实还是密切关注的，其著述阐释多而愤激少，寄希望于执政者有所反思和借鉴。

④ 《申鉴·杂言下》第 23 页。

⑤ 《申鉴·杂言下》第 23 页。《淮南子》虽然也认识到感物而动才能生情，但是荀悦首次明确提出了情是"性动"而起，荀悦的认识被南宋理学家陈淳继承和发挥："情与性相对。情者，性之动也。在心里面未发动底是性，事物触著便发动出来是情。寂然不动是性，感而随遇是情，这动底只是就性中发出来，不是别物，其大目则为喜、怒、哀、惧、爱、恶、欲七者"（《北溪字义·情》王隽编，陈淳著：《北溪字义（附补遗严陵讲义）》，北京：中华书局，1985 年，第 13 页。）

旨在强调情是以人性为根本的，而以人性为根本的情就不能单纯列入恶的范畴，荀悦借此对董仲舒提出的性善情恶论加以批判："好恶者，性之取舍也。实见于外，故谓之情尔。必本乎性矣。仁义者，善之诚者也，何嫌其常善？好恶者，善恶未有所分也，何怪其有恶。"① 好恶是人性取舍的结果，体现在外，就是情。好恶都要归结于性。"有神斯有好恶喜怒之情矣，故神有情，由气之有形也，气有白黑，神有善恶，形与白黑偕，情与善恶偕，故气黑非形之咎，神恶非情之罪也。"② 情和性的关系就好比形体和气，外气发黑不是形体的过错，因而精神丑恶也不是情感的罪过。

荀悦赞同刘向的说法，认为性情相应，性不独善，情不独恶，"性善则无四凶。性恶则无三仁，人无善恶，文王之教一也，则无周公管蔡，性善情恶，是桀纣无性而尧舜无情也，性善恶皆浑，是上智怀恶，而下愚挟善也，理也未究矣，惟向言为然。"③ 人若是性善，就没有四个恶人（指的是不服从舜的浑敦、穷奇等）；人若是性恶，就没有三个善人（微子、箕子、比干）。如果说人性没有善恶之分，那么周文王的教化都是一样的，就应该没有周公这样的忠臣，以及管叔、蔡叔这样的直臣。如果说性善情恶，就是说桀纣没有人的本性而尧舜没有人的情感。如果说人性善恶是相浑的，就是说聪明的上等人也心怀恶念，愚昧的下等人也有善心。荀悦指出了性情善恶判断的矛盾之处。

荀悦认为恶不是情造成的，当时有人认为"人之于利，见而好之，能以仁义为节者，是性割其情也，性少情多，性不能割其情，则情独行为恶矣"④。人都好利，可是能用仁义节制对利的喜好是人性割舍情感的结果。人性少，情欲多，人性不能割舍掉情欲，那么情就成为邪恶的了。荀悦不认同这种说法，"是善恶有多少也，非情也。"⑤ 认为这是善

① 《申鉴·杂言下》第23页。
② 《申鉴·杂言下》第23页。
③ 《申鉴·杂言下》第22—23页。
④ 《申鉴·杂言下》第23页。
⑤ 《申鉴·杂言下》第23页。

和恶的因素，不是情感的关系。譬如饮酒吃肉，肉比酒多就吃肉，酒比肉多就饮酒。酒肉相较量，多的就被吃。"非情欲得酒，性欲得肉也。"[1] 再比如道义和利益，"义胜则义取焉，利胜则利取焉，此二者相与争，胜者行矣，非情欲得利，性欲得义也，其可兼者，则兼取之，其不可兼者，则只取重焉。"[2] 道义占上风则取道义，利益占上风则取利益。道义和利益相较量，占上风的就被采用，并不是感情上想得利，心理上想得义。两者可以同时取得就同时取，不可以同时取得就偏重取一种。如若"情过于义，私多于公，制度殊限，政令失常，是谓危主"[3]，取情多过取义，就会招致祸患。他还从正名的角度解释情不主恶：

> 情见乎辞，是称情也，言不尽意，是称意也，中心好之，是称心也，以制其志，是称志也，惟所宜，各称其名而已，情何主恶之有？故曰，必也正名。[4]

情感表现于言辞，是本性称情；言辞不能尽意，是本性称意；内心喜好，是称心；抑制心志，是称志。在适宜的情况下，各称其名。情怎么就一定意味着恶呢？不过，荀悦的看法也让人疑惑，如果说善和恶谁占上风就被取，那么善从何来？恶从何来？不是情想要得利，性想要得义，那么到底是什么想要得利或义呢？对此，荀悦没有做出再进一步阐述。

（二）喜怒哀乐得其中

荀悦认为节制喜怒可以调养身心，有助于修身养性："养性秉中和，守之以生而已，爱亲爱德爱力爱神之谓啬。否则不宜，过则不澹，故君子节宣其气，勿使有所壅闭滞底，昏乱百度则生疾，故喜怒哀乐思

---

[1] 《申鉴·杂言下》第 23 页。
[2] 《申鉴·杂言下》第 23 页。
[3] ［汉］荀悦著，［晋］袁弘著，张烈校点：《两汉纪·上（汉纪）》，北京：中华书局，2002 年，第 379 页。
[4] 《申鉴·杂言下》第 23 页。

虑必得其中，所以养神也。"① 养性的方法就是把握适度和平衡，保持身心健康的生活，喜怒哀乐思虑要适度。不仅如此，节制情欲还是成为君子的必要条件，也是通往成功的道路，"君子四省其身，怒不乱德，喜不（缺字）义也"②，"抑情绝欲，不如是，能成功业者鲜矣。"③ 节制性情避免冲动，这是对身心有益的，然而要求做到"绝欲"，这就是对人的苛求了。

荀悦还认为君子若保持心境平和，避免大喜大悲，就能做到乐天通达，知天命就不疑惑了，"君子乐天知命故不忧，审物明辨故不惑，定心致公故不惧，若乃所忧惧则有之，忧己不能成天性也，惧己惑之，忧不能免，天命无惑焉。"④ 心境平和，公正无私，就不会产生畏惧。人若常怀仁德之心，不违人情常理，就能长寿，"仁者内不伤性，外不伤物，上不违天，下不违人，处正居中，形神以和，故咎征不至而休嘉集之，寿之术也。"⑤ 有仁爱之心的人长寿，内不伤害他的本性，外不伤害外物，上不违背天道，下不违背人理常情，处身公正平和，祸患不至而福气聚集，这是长寿之术。有人反问颜回、冉有虽然仁德，却不长命，荀悦解释说是命运不同的缘故。

荀悦节制喜怒以养情的观点是对道家长生之术的吸收，喜怒得其中，乐天知命等阐述类似道家倡导的安时处顺等，但是老子讲"自爱"⑥"毋遗身殃"⑦，荀悦则讲爱人、仁心，有仁爱之心才能长寿，体现了荀悦对儒道思想的兼容吸收。

（三）忧民与乐民

荀悦认为，天子和庶人的好恶喜怒都是一样的，圣明的天子应同百

---

① 《申鉴·俗嫌》第 14 页。
② 《申鉴·杂言下》第 25 页。
③ 《申鉴·杂言上》第 19 页。
④ 《申鉴·杂言下》第 22 页。
⑤ 《申鉴·俗嫌》第 15 页。
⑥ 《老子》七十四第 183 页。
⑦ 《老子》五十二第 77 页。

姓共浸欢乐，同分忧愁："自天子达于庶人，好恶哀乐，其修一也。……下有忧民，则上不尽乐，下有饥民，则上不备膳，下有寒民，则上不具服，徒跣而垂旒，非礼也，故足寒伤心，民寒伤国。"① 认为在上位者要体验民间的疾苦。荀悦还说："圣王以天下为忧，天下以圣王为乐，凡主以天下为乐，天下以凡主为忧，圣王屈己以申天下之乐，凡主伸己以屈天下之忧。"② 他不赞同"圣明的君主以天下为乐"的一贯说法，认为圣主会委屈自己以天下百姓为忧，使百姓以享受圣主统治为乐，相反，平庸的君主则只顾自己快乐，使得百姓忧虑愁苦。这就完全不同于董仲舒"屈民而伸君，屈君而伸天"③ 的主张，与之相比，荀悦是屈君以安民、乐民，更重视百姓的体验和感受。

荀悦认为天子若想和百姓共分苦乐，关键是要有爱民之心。

> 或曰："爱民如子，仁之至乎?"曰："未也。"曰："爱民如身，仁之至乎?"曰："未也，汤祷桑林，邾迁于绎，景祠于旱，可谓爱民矣。"曰："何重民而轻身也?"曰："人主承天命以养民者也，民存则社稷存，民亡则社稷亡，故重民者，所以重社稷而承天命也。"④

爱民如子不是仁的最高境界，爱民众如同珍惜自己的身体也不是最高的仁政，只有像齐景公那样为了求雨而在阳光下暴晒三日的，才算是真正的爱护民众。这段话充分体现了荀悦的重民思想，他还讲："天下国家一体也，君为元首，臣为股肱，民为手足"⑤，这是继承了孟子"民为贵，社稷次之，君为轻"的主张，与孟子相比，荀悦重视君、臣、民三者的和谐和整体性。

荀悦认为君主和百姓是相互报答的，圣主使得百姓快乐，百姓也以

---

① 《申鉴·政体》第4页。
② 《申鉴·政体》第5页。
③ 《春秋繁露·玉杯》第32页。
④ 《申鉴·杂言上》第17—18页。
⑤ 《申鉴·政体》第4页。

圣主喜爱的事情作为报答。"申天下之乐，故乐亦报之，屈天下之忧，故忧亦及之，天下之道也"①，"上以功惠绥民，下以财力奉上。是以上下相与"②，"君降其惠，民升其功。此无往不复，相报之义也。"③ 这都是一种建立在中国传统互利、"相与"、知恩图报观念的反映，是情感上的"礼尚往来"。

荀悦也理性地注意到君主以忧民、爱民之心治理天下是不容易办到的，因为牵涉"情"字："人主之患，常立于二难之间，在上而国家不治，难也，治国家则必勤身苦思，矫情以从道，难也。"④ 君王的忧患常在于两种困难之间，居王位国家不治，这是一难。治国必须勤快、忧思，矫正性情去遵从正道，这又是一难。君主若要体味民间疾苦，和百姓共同分担喜乐哀愁，就不能以个人的喜好行事，而是要"动以从义，不以纵情"⑤，委屈自己，遏制自己的情欲。大臣能做到事主"犹孝子之于其亲，尽心焉，尽力焉，进而喜，非贪位；退而忧，非怀宠。结志于心，慕恋不已。进得及时，乐行其道"⑥。欢喜和忧愁都不是为了自身利益，将百姓放在心上，何愁天下不治呢？

不光是君主、大臣，荀悦强调一般的士人君子也应有一颗忧国爱民之心，"为世忧乐者，君子之志也。不为世忧乐者，小人之志也。太平之世，事闲而民乐遍焉。"⑦ 他认为为天下忧乐是君子的志向。

二、以礼化情

荀悦把人分为三等：君子、小人和中人。

---

① 《申鉴·政体》第 5 页
② 《申鉴·政体》第 5 页。
③ 《申鉴·政体》第 4 页。
④ 《申鉴·杂言上》第 18 页。
⑤ 《汉纪·孝昭皇帝纪》第 378 页。
⑥ 《汉纪·孝文皇帝纪下》第 121 页。
⑦ 《申鉴·杂言上》第 19 页。

君子以情用，小人以刑用。①

荣辱者，赏罚之精华也，故礼教荣辱以加君子，化其情也，桎梏鞭朴以加小人，治其刑也。②

若夫中人之伦，则刑礼兼焉，教化之废，推中人而坠于小人之域，教化之行，引中人而纳于君子之途，是谓章化。③

从这几句话可以看出，"君子以情用"，就是要在情上教化、感化君子，"故礼教荣辱以加君子，化其情也"。化情的手段就是礼教，而对待小人则只能用刑，"桎梏鞭朴以加小人，治其刑也"。为什么对待君子就要"用情"？"化情""治刑"的依据在哪里？

之所以对君子用情，是因为君子有情，有情之人会有羞耻之心，有羞耻之心，为了避免受辱，才会接受感化，因而能够通过礼乐引导来培养性情、感化心灵。而小人无情，小人不怕刑，更没有羞耻之心，"小人之情，缓则骄，骄则恣，恣则急，急则怨，怨则畔，危则谋乱，安则思欲"④，小人不会因为受辱，就不再作恶，所以制止小人的办法"非威强无以惩之"⑤。除了君子、小人，剩下的是中人，中人可以堕落为小人，也可以上升为君子，关键看教化的作用了⑥。

礼乐能起到感化的作用，因此荀悦认为礼是为了表情致意而设，"使遽者揖让百拜，非礼也，忧者弦歌鼓瑟，非乐也，礼者，敬而已

---

① 《申鉴·政体》第2页。
② 《申鉴·政体》第2页。
③ 《申鉴·政体》第2页。
④ 《申鉴·政体》第2页。
⑤ 《申鉴·政体》第2页。
⑥ 董仲舒也讲性三品，如"圣人之性不可以名性。斗筲之性又不可以名性。名性者，中民之性如茧如卵，卵待覆二十日后能为雏，茧待缫以涫汤而后能为丝，性待渐于教训而后能为善。善，教训之所然也，非质朴之所能至也。"（《春秋繁露·实性》第312页。）韩愈在董仲舒和荀悦的基础上做了深入发展，最终形成了系统的三品说。韩愈认为："性也者，与生俱生也；情也者，接于物而生也。"性有五：仁礼信义智，根据仁的含量和作用，分为上中下三品。情有七：喜怒哀惧爱恶欲，根据七情是否适中，分为上中下三品，上品之人，"动而处其中"，下品之人"亡与甚，直情而行者也"，"情发而悖于善"情性的上中下三品相互对应。

矣，乐者，和而已矣，匹夫匹妇处畎亩之中，必礼乐存焉尔。"① 让身体残疾的人用尽力气去作揖下拜不是真正的礼节，让心怀忧虑的人弹琴唱歌也不是真正的音乐，认为礼节是为了表达敬意，音乐是为了万物和谐。

三、慎庶狱以昭人情

荀悦提倡德刑并用，是先用刑，还是先用德，要因时制宜。若是用刑，则要考量法律是否顺应民情而制，"设必违之教，不量民力之未能，是招民于恶也，故谓之伤化，设必犯之法，不度民情之不堪，是陷民于罪也，故谓之害民。"② 制定百姓必然会违背的教化规范，不体谅百姓的接受能力，是在祸害百姓、损害风气；制定百姓必然会触犯的法律，不考虑百姓的情感，是陷害百姓。"则一毫之善可得而劝也，然后教备，莫不避罪，则纤介之恶，可得而禁也，然后刑密。"③ 只要百姓有一丝善念，就规劝从善，只要百姓有一点恶行，就禁止为恶，这样刑法就缜密了，这才是德刑并用的含义。

荀悦认为生命可贵，人死不可复生，所以要谨慎刑罚，处以宽和，以哀矜之心体恤民情："惟慎庶狱以昭人情。……情讯以宽之，朝市以共之，矜哀以恤之，刑斯断，乐不举，慎之至也。刑哉刑哉，其慎矣夫。"④ 要谨慎处理狱讼，昭示人之常情，像远古时期的司法官那样考虑民情，有哀矜之心，行刑之时，满怀怜悯和同情，以不奏乐表示对生命的尊重。

荀悦认为判案时，要考虑犯罪者的心志，给予相应的宽赦，"惟稽五赦以绥民中，一曰原心，二曰明德，三曰劝功，四曰褒化，五曰权

---

① 《申鉴·杂言上》第 19 页。
② 《申鉴·时事》第 8—9 页。
③ 《申鉴·时事》第 9 页。
④ 《申鉴·政体》第 3 页。

计。凡先王之攸赦，必是族也，非是族焉，刑兹无赦。"① 君王设置五种赦免原则来安抚百姓，除了考虑德行、功劳、褒化外，首要的一条是原心，原心就是探究犯罪者的内心，考察其动机和目的，如果动机值得同情，就予以赦免。其次要权计，即考量人情、事理等做出变通。执法者也不应以个人喜怒干扰法度，"不以喜加赏，不以怒增刑"②，若"以爱憎为利害，不论其实。以喜怒为赏罚，不察其理"③，"纵情遂欲，不顾礼度……赏赐行私，以越公用，忿怒施罚，以逾法制……是谓亡主"④，要压制个人喜恶，秉持公正、客观的执法态度。

综上所述，荀悦认为法治和教化是互为补充的，有了礼和法的教化和规范作用，就能使得大多数百姓向善从善，"性虽善，待教而成。性虽恶，待法而消。唯上智下愚不移。其次善恶交争。于是教扶其善、法抑其恶。得施之九品。从教者半。畏刑者四分之三。其不移大数九分之一也。一分之中。又有微移者矣。然则法教之于化民也。几尽之矣，及法教之失也，其为乱亦如之。"⑤ 在这里既肯定了孔子的上智下愚不移的观点，认为人的先天品性、智慧等有差距，又强调后天的教化和法律规范作用，认为法律、教化能够改变大多数民众，教化能发掘人的善性，抑制人的恶性。

但是荀悦认为礼法结合的要旨是从根本上对内在情感上的引导和约束，从情感上抑制内心的妄动。有人问："法教得则治，法教失则乱，若无得无失，纵民之情，则治乱其中乎？"⑥ 没有法律教化，放纵人的情感，是不是可以达到介乎安定动乱中间的状态呢？荀悦认为"纵民之情，使自由之，则降于下者多矣"⑦，放纵百姓情感，让他们自行其

---

① 《申鉴·政体》第 3 页。
② 《汉纪·孝元皇帝纪上》第 370 页。
③ 《汉纪·孝武皇帝纪》第 158 页。
④ 《汉纪·孝昭皇帝纪》第 379 页。
⑤ 《申鉴·杂言下》第 23—24 页。
⑥ 《申鉴·杂言下》第 24 页。
⑦ 《申鉴·杂言下》第 24 页。

是，那么下降为恶的人就多了。对待百姓情欲，既不能放纵，也不能废绝，"纵民之情谓之乱，绝民之情谓之荒。"① 如果放纵百姓的情感和欲望，叫作淫乱，但是若一味地杜绝、遏制，则叫作荒废。因而要为百姓的情欲划定尺度，使其不过度，也不缺乏。正如治水一样，"故水可使不滥，不可使无流。"② 如果"肆情于身而绳欲于众"③，苛求百姓，就会招致百姓的怨恨。总之，"纯德无慝，其上善也，伏而不动，其次也，动而不行，行而不远，远而能复，又其次也，其下者，远而不近也，凡此，皆人性也，制之者则心也，动而抑之，行而止之，与上同性也，行而弗止，远而弗近。与下同终也。"④ 除了法律对人情的外在控制，关键是把握内心，有妄动的念头能够立即加以抑制，避免沿着错误的道路越走越远。

---

① 《申鉴·政体》第5页。
② 《申鉴·政体》第5页。
③ 《申鉴·政体》第5页。
④ 《申鉴·杂言下》第24页。

第三章

制度变革视域下的情与礼、法

汉代刑法制度完善的过程也是一个引礼入法的过程。随着贾谊刑不至大夫主张的提出及八议制度的实施，法律的严酷性被日渐消解；汉文帝的刑制改革开始给严刑峻法注入了脉脉温情；以春秋决狱为标志，礼治教化开始大量付诸具体的行政和司法实际当中。这些引礼入法过程中的重大标志性事件充分展现了自然情感如何被注入道德伦理的内核、感性伦理又是如何渗透司法实践当中。以情为突破口、爆发点，汉代展开了引礼入法的进程。

第一节　耻感激起的律法变动

一、刑不至君子论

汉文帝时，绛侯周勃被告谋反入狱，后来官复原职。贾谊"感绛侯之困辱，因陈大臣廉耻之分"①，上书汉文帝建议刑不至君子，"上深纳其言，养臣下有节。是后大臣有罪，皆自杀，不受刑。至武帝时，稍复入狱，自宁成始。"②

---

① 《后汉书·仲长统传》第 1658 页。
② 《汉书·贾谊传》第 2260 页。

贾谊的主张可以概括为"刑不至君子"①，他反对对大臣实施肉体上的刑罚和精神上的侮辱，认为不能对大臣"束缚之，系緤之，输之司徒，编之徒官，司寇小吏詈骂而榜笞之"②，主张"系、缚、榜、笞、髡、刖、黥、劓之罪，不及大夫"③，他的表述集中在他的投鼠忌器论上。

> 里谚曰："投鼠而忌器"，此善喻也。鼠近于器，尚惮不投，恐伤其器，况于贵臣之近主乎！廉耻礼节以治君子，故有赐死而亡戮辱，是以黥劓之罪不及大夫，以其离主上不远也。礼，不敢齿君之路马，蹴其刍者有罚，见君之几杖则起，遭君之乘舆则下，入正门则趋。君之宠臣虽或有过，刑戮之罪不加其身者，尊君之故也，此所以为主上预远不敬也，所以体貌群臣而厉其节也。今自王、侯、三公之贵，皆天子之改容而礼之也，古天子之所谓伯父、伯舅也，而今与众庶同黥、劓、髡、刖、笞、骂、弃市之法，然则堂下不亡陛乎？被戮辱者不泰迫乎？廉耻不行，大臣无乃握重权，大官而有徒隶亡耻之心乎？夫望夷之事，二世见当以重法者，投鼠而不忌器之习也。④

贾谊的观点和依据有三：首先是因为投鼠忌器，大夫"离主上不远"，折辱大臣，就会伤害君主威严。其次，"廉耻礼节以治君子"，大夫是君子的代表，君子学礼以立，有廉耻之心、守节之志，宁死都不能承受侮辱，这是君子气节，之所以对他们不加肉刑，是为了"体貌群臣而厉其节也"。最后，贾谊的主张不是让士大夫们逃避法律制裁，而是认为士大夫们犯了轻罪会自请处罚，犯了重罪则自行了断，不待有司

---

① ［西汉］贾谊：《贾谊集》，上海：上海人民出版社，1976 年，第 44 页。版本下同。历来认为贾谊的主张是刑不上大夫，《礼记·曲礼》也有"刑不上大夫"语，但是细究起来，贾谊的刑不上大夫和君子德行密切相关，和大夫具有司法特权的阐释有所不同，因此本文认为用贾谊的原话"刑不至君子"概括其主张更为恰当。
② 《汉书·贾谊传》第 2256 页。
③ 《新书·阶级》第 42 页。
④ 贾谊《治安策》第 196—197 页。

来动手，这和逃避处罚受刑不是一回事。

投鼠忌器说增加了贾谊论断的说服力，但贾谊关心的不仅是"器"所代表的帝王，更是"鼠"所代表的士人。"刑不至君子"的核心是"廉耻礼节，以治君子"，因为君子有"廉耻之分"，所以要以礼来约束君子。"廉耻之分"就是指人的羞耻感，这可以追溯到孟子说的"羞恶之心，义之端也"[①]。羞耻心是一种强烈的道德情感，朱熹注解说："羞，耻己之不善也；恶，憎人之不善也。"[②] 羞恶就是对丑陋、卑鄙、恶毒的不法事宜有一种自省和规避感。羞耻感的存在源于对个体尊严的高度自觉，是自尊的体现，而自尊是"个人对自我价值（self-worth）和自我能力（self-competence）的情感体验，属于自我系统中的情感成分，具有一定的评价意义"[③]。简单来说，自尊就是对自我的一种评价性和情感性体验。贾谊的刑不至君子论正是发端于这种情感体验，是基于廉耻之心对君子人格和自尊的维护。

贾谊的刑不至君子论首先根植儒家思想对廉耻之心的重视。"子贡问曰：'何如斯可谓之士矣？'子曰：'行己有耻。'"[④] 孟子说："耻之于人大矣。"[⑤] 虽然人都有礼义廉耻，然而经过儒家经义教育之后的士人君子的廉耻之心更为强烈，自尊更不容侵犯，受刑不仅意味着对身体的折磨，更是对他们人格的侮辱，"士可杀不可辱"的信念已经扎根人心，贾谊正是以此为出发点，祈求顾全君子的廉耻之心，"廉耻不行，大臣无乃握重权，大官而有徒隶亡耻之心乎？"大臣的尊严人格是需要特别维护和尊重的，他提出的"殆非所以令众庶见也"[⑥] 正是为了顾全士人的尊严和体面。

---

① 《孟子·公孙丑章句上》第 139 页。
② ［宋］朱熹：《四书集注·孟子·公孙丑章句上》，长沙：岳麓书社，1985 年，第293 页。
③ 田录梅、李双：《自尊概念辨析》，《心理学探新》，2005 年第 2 期，第 26 页。
④ 《论语·子路》第 140 页。
⑤ 《孟子·尽心上》第 522 页。
⑥ 《治安策》第 197 页。

其次，刑不至君子也是因为"廉耻礼节，以治君子"。君子的廉耻之心使得君子可以通过自律和反省来改正错误，可以通过礼来修正行为，而不需要受刑罚的惩治。正如《论语·里仁》所记载："君子怀德，小人怀土；君子怀刑，小人怀惠。"① 君子时刻胸怀礼法，就不至于有犯法的恶念，不至于泯灭自己的廉耻之心，君子通过"反诸自身"，就可以培养道德的自觉。再者，对待君子，依靠礼仪教化来调教也是最有效果的。孔子讲："道之以德，齐之以礼，有耻且格。"② "遇之有礼，故群臣自喜，婴以廉耻，故人矜节行，上设廉耻礼义以遇其臣，而臣不以节行报其上者，则非人类也。"③ 因此贾谊认为"以礼义治之者，积礼义；以刑罚治之者，积刑罚"④。

贾谊的论述中体现出对廉耻、自尊等高度的敏感和自觉，和他本人的个性气质有紧密联系，贾谊的情感世界丰富而忧郁，短暂的一生始终满怀忧患意识和责任感，譬如《治安策》的第一句话就是："臣窃惟事势，可为痛哭者一，可为流涕者二，可为长太息者六。"⑤ 显露了贾谊细腻敏感的觉察力和悲天悯人的情怀。贾谊尤其注重个体人格的塑造和修身，十分看重君子的德行。后来他担任梁怀王太傅，因为梁怀王的早亡而自责难当，最终终结了自己宝贵的生命，可以看出贾谊是一个有强烈自尊心的人，而自尊心越强，耻辱感就越强，就格外注重尊严对个人的意义，"自尊属于自我中更加具有情感色彩的部分，是对自我价值和自我能力的情感体验和态度。"⑥ 在产生过失后，悔恨愧疚之心就更加严重，这也是他最终以悲剧收场的原因。他对人情的理解和对尊严的维护正是体现了典型的君子人格。

---

① 《论语·里仁》第 38 页。
② 《论语·为政》第 12 页。
③ 《汉书·贾谊传》第 2257 页。
④ 《治安策》第 195 页。
⑤ 《治安策》第 185 页。
⑥ 刘毅，刘萍：《自我尊重简论》，《西北师范大学学报（社会科学版）》，1997 年第 4 期，第 40 页。

当然，贾谊对于刑不至君子的认识是一己之见，并不见得有多么客观和全面，士大夫未必比粗鄙的乡野村妇更具有廉耻之心。贾谊论断的最终目的是维护专制君权，这是身处那个时代的局限，与其说刑不至君子论是为了让士大夫逃避法律制裁，不如说是为了维护知识分子的体面和自尊。从这一方面来看，贾谊对廉耻之心的重视和对人格尊严的维护是超越了那个时代局限的。

贾谊的刑不至君子论是引礼入法的重要体现，它明确了刑罚不再适用于全体，打破了法家"不别亲疏，不殊贵贱，一断于法"①的准则，明确要以礼乐教化作为社会控制的辅助手段，对此后世人的刑法认知和司法实践产生了深远影响，东汉《白虎通义》明确记载："礼为有知制，刑为无知设"②，"刑不上大夫者，据礼无大夫刑"③。郑玄这样解释刑不上大夫："不与贤者犯法，其犯法则在八议，轻重不在刑书。"④这种解释是对贾谊的刑不至君子论的进一步发挥，意味着对官员的惩治量刑不适用刑法上的条目，而是别有八议制度。八议制度一直延续下来，成为大臣逃脱、规避法律制裁的依据。（八议制度就是议亲、议故、议贤、议能、议功、议贵、议勤、议宾。曹魏时期，八议正式被写入法律。）本是基于人情、对君子尊严所进行的礼义层面的理论辩护，被发挥曲解为维护等级特权的实践准则。此后，刑不上大夫一说真正成了特权阶层逃避法律制裁的挡箭牌。

二、民知耻而不犯

刑不至君子论的出发点是人类最普遍的情感，就是对羞耻心的正视和对个人尊严价值的维护。其实，刑罚本身就有挫伤自尊，使人知耻不敢再犯的意味，如传说中的象刑就是针对情感实施的象征化惩戒。传说

---

① 《史记·太史公自序》第 3291 页。
② 《白虎通疏证·五刑》第 442 页。
③ 《白虎通疏证·五刑》第 442 页。
④ 《礼记·曲礼》第 1249 页。郑玄注。

在尧舜时期，"犯墨者蒙皂巾，犯劓者赭其衣，犯膑者以墨幪其膑处而画之，犯大辟者布衣无领"①，"唐虞象刑而民不敢犯，上刑赭衣不纯，中刑杂履，下刑墨幪，以居州里，而民耻之。"② 从心理学角度来讲，受刑使人心理产生巨大的变化，个人尊严会受到侵害，产生羞耻感，而羞耻感会使人对自己的所作所为悔恨有加，并有可能通过反躬自省来重新认识和改造自己，"懊悔使人在德性上恢复青春"③，"懊悔是德性世界的强大的自我再生力，它抗拒着德性世界的不断衰亡。"④ 懊悔、自责最终能让人产生知耻而后勇的改过勇气，这就是法律的惩戒作用对情感的影响。墨子言："誉，必其行也。其言之忻，使人督之。诽，止其行也，其言之作。"⑤ 受到赞扬就会高兴，受到批评就会惭愧懊悔，会修正不良的行为，这都根源于人的情感中的耻感，如果没有了耻感，惩戒就不能起到预防下次犯罪的作用。仲长统曾经批评汉文帝废除肉刑世风不古，民不知耻，"刑轻不足以惩恶"⑥。如果百姓没有廉耻之心，刑法就达不到惩恶扬善的目的了。

但是，刑法对耻感的冲击也是有一定限度的，如果用轻蔑、野蛮的方式去侮辱人格、挫伤自尊，就会起到相反的效果，对此有着深刻体会的是司马迁。司马迁言："刑不上大夫，此言士节不可不厉也"⑦，"太上不辱先，其次不辱身，其次不辱理色，其次不辱辞令，其次诎体受辱，其次易服受辱，其次关木索被箠楚受辱，其次剔毛发婴金铁受辱，其次毁肌肤断肢体受辱，最下腐刑，极矣。"⑧ 在他看来，腐刑毁坏的

---

① ［汉］伏胜著，［汉］郑玄注，福州陈寿祺辑校：《尚书大传（附序录辨讹）》，北京：中华书局，1985 年，第 103 页。
② 《尚书大传·尧典》第 12 页。
③ ［德］马克斯·舍勒著，刘小枫选编：《舍勒选集（上）》，上海：上海三联书店，1999 年，第 683 页。
④ ［德］马克斯·舍勒著，刘小枫选编：《舍勒选集（上）》，上海：上海三联书店，1999 年，第 698 页。
⑤ 《墨子·经说上》第 543 页。
⑥ 《后汉书·仲长统传》第 1652 页。
⑦ 《汉书·司马迁传》第 2732 页。
⑧ 《汉书·司马迁传》第 2732 页。

不只是身体，更是对人格的侮辱、对自尊的极度摧残。腐刑突破了人的耻感承载的极限，这是司马迁这样的人无法承受的。法律对人情的考量不但不会削弱法律的权威性，反而会增加法律的社会效力，如果过于冷酷严苛、违背常理人情，则会导致"人情挫辱，则义节之风损；法防繁多，则苟免之行兴"① 的后果。汉高祖下过"吏以文法教训辨告，勿笞辱"② 的诏令，汉文帝曾经下令赐给那些受到髡刑之人以头巾裹头，"怜其衣赭书其背，父子兄弟相见也而赐之衣"③，于是"天下莫不说喜"④。这都是度量情感，柔化法律的严酷性以维护个体尊严的表现。

三、轻侮法

说到为了维护人的羞耻之心而制定法律规范，不能不提到东汉的《轻侮法》："建初中，有人侮辱人父者，而其子杀之，肃宗贳其死刑而降宥之，自后因以为比，是时遂定其议，以为《轻侮法》。"⑤

轻侮法的主旨有两点：一是认为侮辱人格是被法律认可的值得同情的行为动机，为此而杀人是能够减免罪责的；二是犯罪者如果维护的对象是父母亲人，这也是可以从轻处理的。轻侮法是在白虎观会议召开后不久制定的，而《白虎通》的要旨在于对亲情关系进行伦理规范化的处理，由情感维系的人伦关系成为一种道德义务，父为子纲成为家庭相处的核心准则，轻侮法正是从律法层面对人情伦常加以维护。值得注意的是，第一点关注到了人格精神上的伤害，这是此前未有的，以往谈到为父母报仇都是针对父母肉体伤害所做的报复行为，"子不复仇，非子也"⑥，对父母被言语侮辱而加以报复的法律规定却较为罕见。这也是轻侮法的重点，它认可精神侮辱所构成的伤害。不过，也正因如此，在今

① 《后汉书·杜林传》第 937 页。
② 《汉书·高帝纪》第 54 页。
③ 《汉书·贾山传》第 2335 页。
④ 《汉书·贾山传》第 2335 页。
⑤ 《后汉书·张敏传》第 1502—1503 页。
⑥ 《春秋繁露·王道》第 117 页。

天看来，轻侮法的制定显得过于儿戏和轻率，因为对人格尊严的侮辱是相对来说难以度量的伤害，在量刑上很难准确把握，例如，在当时，轻侮法的制定反而造成人们心理上对由侮辱造成的精神伤害的过度敏感和人为夸大，导致社会上普遍认为父母受辱而子女不去报仇是不能容忍和接受的，如东汉缑氏女玉为父报仇，申屠蟠称赞她的行为"足以感无耻之孙，激忍辱之子"①。东汉吴祐言："子母见辱，人情所耻。"② 因此，社会上出现了诸多以受辱为由头而报仇的事件，报仇之风盛行一时。和帝时，尚书张敏以"轻侮之比，浸以繁滋，至有四五百科，转相顾望，弥复增甚"③，"今欲趣生，反开杀路"④ 为理由，建议废止《轻侮法》。和帝采纳了这个提议，废除了轻侮法，规定因父母受辱而愤激杀人者，依法处断不加宽减，但是其后以受辱为名兴起的报仇之风却一直延续下来，从未禁绝。如夏侯惇在十四岁时杀死了侮辱师父的人，"由是以烈气闻。"⑤ 程树德考证："考《周礼·地官·调人》注云：父母兄弟师长尝辱焉而杀之者，如是为得其宜，虽所杀人之父兄，不得仇也，使之不同国而已。司农时以汉法解经，知此法汉末尚未改也。"⑥

第二节　仁爱催生的刑制改革

一、汉文帝废除肉刑

缇萦上书事件是导致汉代刑制改革的一个标志性事件。汉文帝四年

---

① 《后汉书·申屠蟠传》第 1751 页。
② 《后汉书·吴祐传》第 2101 页。
③ 《后汉书·张敏传》第 1503 页。
④ 《后汉书·张敏传》第 1503 页。
⑤ 《三国志·魏书·夏侯惇传》第 267 页。
⑥ 程树德：《九朝律考·汉律考四·律令杂考·轻侮》，北京：中华书局，1963 年，第 106 页。

（公元前 167 年），太仓令淳于意犯法被捕，被送到长安准备接受残酷的肉刑，其女缇萦上书汉文帝求情道："妾父为吏，齐中皆称其廉平，今坐法当刑。妾伤夫死者不可复生，刑者不可复属，虽后欲改过自新，其道亡繇也。妾愿没入为官婢，以赎父刑罪，使得自新。"① 恳求皇帝让自己没官为奴，使父亲免受肉刑，有改过自新的机会。缇萦勇于自我牺牲、大胆上书救父的行为让汉文帝深受触动。

> 书奏天子，天子怜悲其意，遂下令曰："制诏御史：盖闻有虞氏之时，画衣冠异章服以为戮，而民弗犯，何治之至也！今法有肉刑三，而奸不止，其咎安在？非乃朕德之薄，而教不明与！吾甚自愧。故夫训道不纯而愚民陷焉。"诗曰："恺弟君子，民之父母。"今人有过，教未施而刑已加焉，或欲改行为善，而道亡繇至，朕甚怜之。夫刑至断支体，刻肌肤，终身不息，何其刑之痛而不德也！岂称为民父母之意哉？其除肉刑，有以易之；及令罪人各以轻重，不亡逃，有年而免。具为令。②

"怜悲其意""甚怜之"都表明汉文帝被缇萦的孝行深深地感动了，帝王的同情之心和怜卑之意一下子被激发出来，与之伴随的是一种自我反省和愧疚之情 肉刑残酷，奸行却无法禁绝，"非乃朕德之薄，而教不明与！"汉文帝在怜悯、同情、反思、自愧等复杂情感的驱动下，当即做出了废除肉刑的决定，他既没有召集群臣商议讨论，也没有为废除肉刑后该如何变更刑法指明方向，更没有考虑废除肉刑可能带来的负面作用，而是在"书奏天子"后，"遂下令曰……"这显然不是符合常规的更改国家律法的程序，而是汉文帝自己在情感的触动下做出的冲动行为，文帝下诏之后，丞相张苍、御史大夫冯敬等才提出了具体的废除肉刑办法，"诸当完者，完为城旦春……"③

---

① 《汉书·刑法志》第 1098 页。
② 《汉书·刑法志》第 1098 页。
③ 《汉书·刑法志》第 1099 页。

　　汉文帝废除肉刑是他"恻隐之心""不忍人之心"以及"将心比心"的情感体现，也是自古提倡的立法、执法过程中哀矜之情的体现，《尚书·吕刑》记载："非佞折狱，惟良折狱，罔非在中。……哀敬折狱，明启刑书胥占，咸庶中正。其刑其罚，其审克之。狱成而孚，输而孚。"① 《周礼》记载："以五声听狱讼，求民情。"② 《论语》记载："孟氏使阳虎为士师，问于曾子。曾子曰：'上失其道，民散久矣。如得其情，则哀矜而勿喜。'"③ 这都是希望执法者心怀怜悯之意，秉持同情之心合情合理地处理案件，汉文帝对肉刑的果断废止也是受这些历来提倡的执法态度的影响。

　　汉文帝之所以有这样的"哀矜""恻隐"之心，饱含一定的人文关怀，这其实和他的人格特质有很大关系，汉文帝曾被司马迁称赞"贤圣仁孝，闻于天下"④。从其日常言行来看，汉文帝有着以社稷百姓为重的忧民意识，关心民生民情，他曾言："非所以忧天下也，朕甚不取也。"⑤ "朕夙兴夜寐，勤劳天下，忧苦万民，为之恻怛不安，未尝一日忘于心。"⑥ 汉文帝也不乏反躬自省的精神，"朕既不敏，常畏过行，以羞先帝之遗德。维年之久长，惧于不终。"⑦ 由此，他在施政中也格外重视情感的感化作用，"群臣如张武等受赂遗金钱，觉，上乃发御府金钱赐之，以愧其心，弗下吏。"⑧ 司马迁曾高度评价汉文帝统治时代："孔子言：'必世然后仁，善人之治国，百年亦可以胜残去杀。'诚哉是言！汉兴，至孝文四十有余载，德至盛也。廪廪乡改正服封禅矣，谦让未成于今。呜呼！岂不仁哉？"⑨

---

① 《尚书正义·吕刑》第 250 页。
② ［清］阮元校刻：《十三经注疏》，北京：中华书局，1980 年，第 873 页。
③ 《论语·子张》第 203 页。
④ 《史记·孝文本纪》第 414 页。
⑤ 《史记·孝文本纪》第 419 页。
⑥ 《史记·孝文本纪》第 431 页。
⑦ 《史记·孝文本纪》第 434 页。
⑧ 《史记·孝文本纪》第 433 页。
⑨ 《史记·孝文本纪》第 437—438 页。

汉文帝废除了刖、黥等肉刑，但也造成了"外有轻刑之名，内实杀人"① 的弊端，汉景帝对此加以改良刑罚，如"加笞者，或至死而笞未毕，朕甚怜之。其减笞三百曰二百，笞二百曰一百"②。这是出于爱民、怜民、惜民的立场以及社会控制的目的做出的减刑决定。魏晋之后，社会上多次出现了是否恢复肉刑的争论，但始终未被采用，这和暴虐的肉刑从根本上不符合人伦常情有着密切关系，如唐代有人倡议恢复肉刑，白居易认为肉刑是"反今之宜"，不符合"适时变，顺人情"③ 的圣人之道，因而可废不可复。从这里也可以看出，人情是刑法制定和废除的重要考量依据。

二、恤　刑

老弱孤幼是最能引发人们同情的一个群体，在汉代也是如此。汉文帝曾下诏书说："今岁首，不时使人存问长老，又无布帛酒肉之赐，将何以佐天下子孙孝养其亲？"④ "方春和时，草木群生之物皆有以自乐，而吾百姓鳏寡孤独穷困之人或陷于死亡，而莫之省忧，为民父母将何如？其议所以振贷之。"⑤ 冬去春来，万物复苏，那些老弱孤幼却无法分享新春的喜悦，这一点激发了汉文帝的怜老惜弱之情。

这种对于弱势群体的爱护施用到法律层面，就演变成为一种恤刑原则。汉文帝、景帝、宣帝、成帝、平帝等都曾发布对老幼孤幼、盲人、孕妇、侏儒等特殊人群的恤刑规定。总体上对这一群体实行宽大处理，如汉惠帝下诏："民年七十以上若不满十岁，有罪当刑者，皆完之。"⑥ 汉景帝时期规定："年八十以上，八岁以下，及孕者未乳，师、朱儒当

---

① 《汉书·刑法志》第 1099 页。
② 《汉书·刑法志》的 1100 页。
③ ［唐］白居易撰，顾学颉校点：《白居易集·策林五十三》，北京：中华书局，1979 年，第 1351—1352 页。
④ 《汉书·文帝纪》第 113 页。
⑤ 《汉书·文帝纪》第 113 页。
⑥ 《汉书·惠帝纪》第 88 页。

鞠系者，颂系之。"① 汉宣帝时期规定："自今以来，诸年八十，非诬告杀伤人，它皆勿坐。"② 汉成帝鸿嘉元年正式定令："年未满七岁，贼斗杀人及犯殊死者，上请廷尉以闻，得减死。"③ 汉平帝时期有针对妇女的恤刑规定："妇女非身犯法，及男子八十以上七岁以下，家非坐不道，诏所名捕，它皆无得系。"④ 东汉光武帝规定："夫人从坐者，自非不道，诏所名捕，皆不得系。"此外，张家山汉简《二年律令·具律》规定："有罪年不盈十岁，除；其杀人，完为城旦舂。"⑤ "民年七十以上，若不满十岁，有罪当刑者，皆完之。"⑥ 即不到十周岁的儿童，除杀人罪外，不负刑事责任，并排除了十岁以下儿童的死刑和肉刑。

这些"矜恤老幼妇残"的体恤原则符合人伦常情且具备人道主义精神，是儒家倡导的德治和仁政在律法层面的体现，也是古代帝王出于维护统治稳定的目的，对百姓加以爱护重视的体现。其实，百姓自古就被公认为是天下大治的根本，"天视自我民视，天听自我民听"⑦，"天矜于民，民之所欲，天必从之"⑧，"从心从直，……外得于人，内得于己"。百姓中的老弱则更被视作得到宽赦和照顾的群体，"老弱不受刑，有过不受罚，是故老而受刑谓之悖，弱而受刑谓之暴，不赦有过谓之贼，率过以小谓之枳。"⑨ 孔子讲："矜寡孤独废疾者皆有所养。"对他们有一颗不忍之心，彰显出人性的温暖和善良，正如董仲舒所说："以不忍人之心，行不忍人之政，治天下可运之掌上。"恤刑正是体现了君王自发的不忍之心，在不忍之心的共情基础上，仁这一道德情感顺理成

---

① 《汉书·刑法志》第1108页。

② 《汉书·刑法志》第1108页

③ 《汉书·刑法志》第1106页。

④ 《汉书·平帝纪》第356页。

⑤ 《张家山二四七号汉墓竹简整理小组编著：《张家山汉墓竹简（释文修订本）》，北京：文物出版社，2006年，第21页。

⑥ 《汉书·惠帝纪》第85页。

⑦ 《尚书正义·周书·泰誓》第181页。

⑧ 《尚书正义·周书·泰誓》第181页。

⑨ 《尚书大传·甫刑》第111页。

章地渗透法律实践当中，极端重刑主义受到遏制，刑罚不再过分残酷和暴虐，以宗法等级制度为基础的汉代社会的法律文化也体现出文明、合理、进步的一面。

三、不孝入律

孝是一种观念，要扎根人的思想中，需要令人信服的共同认知，譬如人为什么要对父母尽孝？为什么要以孝作为立身之本？孝运用到实践中也是一种行为，行为要贯彻人的实际生活中，需要驱动行为的情感动机，譬如，如何尽孝？怎么做才是孝道？传统儒家认为孝的情感认知和情感动机源于一个字——"爱"。爱父母，所以要尽孝；让父母感受到子女的爱，这就是孝道。人生下来最先接触的就是父母，对父母的感情是在日常生活中自然累积而成，孟子言："孩提之童，无不知爱其亲者，及其长也，无不知敬其兄也。"① 《中庸》云："凡有血气者，莫不尊亲"②，而"有血气之属者，莫知于人，故人于其亲也，至死不穷"③。只要是血肉之躯，对亲人的情感就是自然稳定的。这种最自然、最纯粹的亲人之爱被伦理化、规范化，就是儒家倡导的孝道。

孝内在发端于爱，外在表现为尊，《孟子·万章上》云："孝子之至，莫大乎尊亲。"这个"尊"字强调情感的深层次的重视、发自内心的仰慕和崇敬，而不仅基于单纯的血缘维系。发端于内心的爱护和尊崇是孝的基础，这也使得孝这种行为不是简单的外在行为，而是成为一种高标准的道德伦理，正如孔子认为孝最难做到的是什么？是"色难"。《论语》记载子夏问孝，子曰："色难。有事，弟子服其劳；有酒食，先生馔，曾是以为孝乎？"④ 色难难就难在情感的真挚。赡养父母做到时时、事事、处处和颜悦色是最难的。久病床前无孝子，能够夜以继

① 《孟子·尽心上》第 529 页。
② 《礼记·中庸》第 1634 页。
③ 《礼记·三年问》第 1663 页。
④ 《论语·为政》第 15 页。

日、始终如一地关怀父母已属不易，还能够始终保持和颜悦色、恭恭敬敬是很难做到的，这需要真挚情感的内在支撑，如果厌恶、烦躁，那在神情、姿态上也就不能体现出和颜悦色的样子来，"孝子之有深爱者，必有和气；有和气者，必有愉色，有愉色者，必有婉容。故事亲之际，惟色为难耳，服老奉养，未足为孝也。"① 没有了爱，自然就不会有和气和欢愉的神色。"贵礼，不贪其养，礼顺心和，养虽不备，可也。"② 子女和颜悦色，父母也心平气顺，家庭之内感情融洽，一团和气，这才是真正的孝道。

这种植根爱的孝道是礼的范畴。一般来说，礼的践行凭借的不是暴力强制，而是由情感驱动成为一种附带自觉性的义务，情—义务—礼（孝），由血缘亲情延伸出义务，由义务规范出礼义和伦理，进而成为孝道。然而在汉代，"孝"被引入法律条文中，不孝入律，孝由一种依赖人们自觉遵守的礼的规范演变为强制性的法律义务。如张家山汉简《奏谳书》："教人不孝，次不孝之律。不孝者弃市。弃市之次，髡为城旦舂。"具体来说，汉代不孝入律主要表现在以下几个方面。

其一，不养父母入律。如张家山汉简《奏谳书》："有生父而弗食三日，吏且何以论子？……当弃市。"其二，殴打侮辱父母入律。子女杀伤父母，殴打乃至呵斥、辱骂父母、义父母、后母都要弃市，如"子牧杀父母、殴詈泰父母、父母（假）大母、主母、后母，及父母告子不孝，皆弃市"③，"贼杀伤父母，牧杀父母，欧（殴）詈父母，父母告子不孝，其妻子为收者，皆锢，令毋得以爵偿、免除及赎"④。其三，告发父母入律，如张家山汉简《二年律令·告律》："子告父母，妇告威公，奴婢告主、主父母、妻子，勿听而弃告者市。"此外，在父母守丧期间违背礼制也会受到法律严惩，例如"一是闻父母亡匿不发

① 朱熹：《四书集注·论语·为政》，长沙：岳麓书社，1895年，第79—80页。
② 《盐铁论·孝养》第190页。
③ 《二年律令·贼律》第13页。
④ 《二年律令·贼律》第14页。

丧，二是服丧娶妻妾，三十服丧生子，四是私奸服舍、作乐"① 等。

不孝入律是在用法律手段提倡发端于爱的孝道，用强制性的外力约束人们对待父母的情感，以此去培养人们对人伦亲情的重视。出于亲人之爱的道德伦理成为强制性的法律规范，虽然它扩大了孝的影响，普及了社会上的尊老观念，增强了宗法社会的凝聚力，维护了小农家庭的稳定，甚至最终构筑了汉代以孝治天下的名声，但是它也模糊了礼和法的界限，在具体实施中缺乏必要的量刑依据，判案时，主观色彩日益浓厚，使得汉代律法刑制附带了宗法伦理的特质。

第三节　以原情为核心的春秋决狱

春秋决狱（又称引经决狱、经义决狱等）是汉代引礼入法的重要标志。春秋决狱的断案风格体现了在司法实践中对心理、动机、伦理关系、自然情感、道德情感等的综合考量，情感因素日益渗透司法断案之中，加速了司法原则儒家化的进程。春秋决狱的广泛运用影响了此后整个中国古代法治的构建，最终形成了以伦理法为核心的中国司法体系。

春秋决狱是用儒家经典《春秋》中的原则与精神解读汉律，并以此作为判案量刑的根据，除了《春秋》《易》《诗》《书》《礼》《论语》等也被用于司法断案中，作为判决案件的依据。因此春秋决也叫经义决狱、春秋折狱、经义折狱、引经决狱、春秋断狱、春秋决事比等，代表人物和倡导者是公孙弘和董仲舒。汉景帝、汉武帝时期，受儒家思想影响的法官、狱吏逐渐以儒家经义为量刑准则，如公孙弘少时为狱吏，"习文法吏事，缘饰以儒术。"② 儿宽为奏谳掾，"以古法义决疑大狱。"③ "胶西相董仲舒老病致仕，朝廷每有政议，数遣廷尉张汤亲至

① 刘厚琴、田芸：《汉代"不孝入律"研究》，《齐鲁学刊》，2009 年第 4 期，第 42 页。
② 《汉书·公孙弘传》第 2618 页。
③ 《汉书·儿宽传》第 2629 页。

陋巷，问其得失，于是作《春秋决狱》二百三十二事。动以经对，言之详矣。"① 这成为春秋决狱的典型事件，董仲舒的弟子吕步舒"至长史，持节使决淮南狱，于诸侯擅专断，不报，以《春秋》之义正之，天子皆以为是"②。此后，春秋决狱成为一项约定俗成的惯例，其要旨逐渐被吸收为法律精神，"元、成以后，刑名渐废，上无异教，下无异学，皇帝诏书，群臣奏议，莫不援引经义以为据依。"③

从法律的角度来讲，春秋决狱是一种以《春秋》为依据的司法审判机制与解释方法，将儒家经典法律化，作为重要的审理依据。其提出和推广一方面是基于当时法律条文尚不完善，经常出现无法可依、无理可据的窘迫局面，而汉代尤其推崇《春秋》，认为《春秋》是"礼义之大宗也"④，譬如司马迁言："夫《春秋》，上明三王之道，下辨人事之纪，别嫌疑，明是非，定犹豫，善善恶恶，贤贤贱不肖，存亡国，继绝世，补敝起废，王道之大者也。……《春秋》辨是非，故长于治人。"⑤另一方面，随着引礼入法的加深，儒学作为官学的影响逐渐渗透国家管理机制中，礼乐预防犯罪的功能、对道德的约束作用得到了广泛认同。此外，汉代外儒内法的治理特质、以宗法血缘为核心的家庭关系模式等都使得春秋决狱具有一定的合理性。

一、经典案例中的人情考量

程树德在《九朝律考》中收录了春秋决狱具有代表性的案例。

案例一：

> 甲父乙与丙争言相斗，丙以佩刀刺乙，甲即以杖击丙，误伤乙，甲当何论？或曰：殴父也，当枭首。论曰：臣愚以父子至亲

---

① 《后汉书·应劭传》第 1612 页。
② 《史记·儒林列传》第 1612 页。
③ 《汉书·刑法志》第 1103 页。
④ 《史记·太史公自序》第 3298 页。
⑤ 《史记·太史公自序》第 3297 页。

也，闻其斗，莫不有怵怅之心，扶杖而救之，非所以欲诟父也。①

董仲舒的观点是从人情和伦理的角度来理解甲的行为。首先，"闻其斗，莫不有怵怅之心"，看到打架斗殴害怕，人会惊慌失措，这是人的自然反应，是符合人之常情的。其次，"扶杖而救之，非所以欲诟父也"，父亲被打，自然要上前保护，这也是人之常情。本意是救父，不承想却误打了父亲，这是意料之外的事故或过失。从动机来看，甲的出发点是为了救父；从人情来看，救父心切符合人的伦理亲情。因此，董仲舒从父子至亲的情感角度出发，认为甲的行为是符合儒家孝道的，由此判定"甲非律所谓殴父，不当坐"②。董仲舒断案的根据是春秋记载的许止案："《春秋》之义，许止父病，进药于其父而卒，君子原心，赦而不诛。"③ 许止的本意是为了救父而献药，这是完全符合人之常情和儒家孝道的，无论从动机还是人情来看，都应该宽赦。

案例二：

> 甲有子乙以乞丙，乙后长大，而丙所成育。甲因酒色谓乙曰："汝是吾子。"乙怒杖甲二十。甲以乙本是其子，不胜其忿，自告县官。仲舒断之曰："甲生乙，不能长育，以乞丙，於义已绝矣！虽杖甲，不应坐。"④

虽然甲和乙有血缘关系，但是甲没有尽到养育儿子的义务。虽有人伦，但无亲情，"义已绝"，没有了情感作为基础，因此，不应该用子殴父的条律惩治乙。

案例三：

> 甲夫乙将船，会海风盛，船没溺流死亡，不得葬。四月，甲母丙即嫁甲，欲皆何论？或曰："甲夫死未葬，法无许嫁，以私为人

---

① 《九朝律考·汉律考九·春秋决狱考》第164页。
② 《九朝律考·汉律考九·春秋决狱考》第164页。
③ 《九朝律考·汉律考九·春秋决狱考》第164页。
④ 《九朝律考·汉律考九·春秋决狱考》第164页。

妻，当弃市。"议曰：臣愚以为，《春秋》之义，言夫人归于齐，言夫死无男，有更嫁之道也。妇人无专制擅恣之行，听从为顺，嫁之者归也，甲又尊者所嫁，无淫行之心，非私为人妻也。明于决事，皆无罪名，不当坐。①

首先，"夫死无男，有更嫁之道也"，丈夫死去，妻子未生子女而改嫁是符合礼制人情的。其次，"听从为顺，……甲又尊者所嫁"。女子顺从父母安排，没有私自做主，也是符合儒家孝道的，"无淫行之心，非私为人妻也"，女子没有淫乱的动机，综上所述，认为甲是无罪的。

春秋决狱从人的情感、心理和伦理角度考量犯罪情态，一定程度上具有合理性和进步性，它弥补了法律过于严苛僵化不通人情的不足，对犯罪动机、情由的思考更加客观全面。从长远来看，有利于促进司法理论成熟，但是也有很大局限性，若一味从"人情"角度分析行为者的心理，存在很大的不确定性，情感固然可以产生共鸣，但又存在模糊难辨的一面，有时难以确切把握，因为立场、情境、视角、思维的不同，人的感受和体验也不尽相同，即使设身处地，站在他人立场上进行心理、感情推断，不同之人也会产生不同的结论。汉哀帝时期薛况伤人案就是一个典型案例。

> 博士申咸给事中，亦东海人也，毁（薛）宣不供养行丧服，薄于骨肉，前以不忠孝免，不宜复列封侯在朝省。宣子况为右曹侍郎，数闻其语，赇客杨明，欲令创咸面目，使不居位。会司隶缺，况恐咸为之，遂令明遮斫咸宫门外，断鼻唇，身八创。②

案发后，对于薛况行为的性质和出发点出现了争议，御史中丞等人认为：

---

① 程树德：《九朝律考·汉律考九·春秋决狱考》，北京：中华书局，1963 年，第164—165 页。

② 《汉书·薛宣传》第 3394—3395 页。

况朝臣，父故宰相，再封列侯，不相敕丞化，而骨肉相疑，疑咸受修言以谤毁宣。咸所言皆宣行迹，众人所共见，公家所宜闻。况知咸给事中，恐为司隶举奏宣，而公令明等迫切宫阙，要遮创戮近臣于大道人众中，欲以隔塞聪明，杜绝论议之端。桀黠无所畏忌，万众讙哗，流闻四方，不与凡民忿怒争斗者同。臣闻敬近臣，为近主也。礼，下公门，式路马，君畜产且犹敬之。《春秋》之义，意恶功遂，不免于诛，上浸之源不可长也，况首为恶，明手伤，功意俱恶，皆大不敬。明当以重论，及况皆弃市。①

首先，御史中丞的奏章揭露了薛宣确实有不忠不孝的行为，这是众人所见的，申咸对他的指责无可厚非，这就首先申明了受害者申咸的正义立场。其次，薛况害怕申咸担任司隶会惩治其父，因此迫害申咸，这就指明了薛况的动机是非常恶毒的。最后，薛况毁伤大臣面目"于大道人众中"，这种杀鸡儆猴的手段是卑鄙的小人行径，导致了恶劣的影响。此外，御史中丞从君臣之礼的角度来评价薛况的行为，指责薛况的行为实际上是对君王权威的威胁，是对帝王尊严的挑战。总之，按照春秋之义，薛况意图恶劣，行为影响极坏，为了杜绝这种大不敬行为的再次发生，认为应当将薛况弃市。

而廷尉不同意御史中丞的意见，认为：

律曰："斗以刃伤人，完为城旦，其贼加罪一等，与谋者同罪。"诏书无以诋欺成罪。传曰："遇人不以义而见憝者，与痏人之罪钧，恶不直也。"咸厚善修，而数称宣恶，流闻不谊，不可谓直。况以故伤咸，计谋已定，后闻置司隶，因前谋而趣明，非以恐咸为司隶故造谋也。本争私变，虽于掖门外伤咸道中，与凡民争斗无异。杀人者死，伤人者刑，古今之通道，三代所不易也。孔子曰："必也正名。"名不正，则至于刑罚不中；刑罚不中，而民无所错手足。今以况为首恶，明手伤为大不敬，公私无差。《春秋》

---

① 《汉书·薛宣传》第3395页。

之义，原心定罪。原况以父见谤发忿怒，无它大恶。加诋欺，辑小过成大辟，陷死刑，违明诏，恐非法意，不可施行。圣王不以怒增刑。明当以贼伤人不直，况与谋者皆爵减完为城旦。①

廷尉针对御史中丞的奏议逐条反驳，首先申明了申咸也有过错，他厚此薄彼，说人之短，不是正直之人，申咸在案件中并非无辜之人。其次，薛况并不是因为申咸升官而伤害他，只是泄一时之愤，没有更加恶劣的目的。此外，即使在大庭广众下实施犯罪，这和普通百姓争斗没什么差别。最后，薛况是首恶，但不是大不敬，"春秋之义，原心定罪"，最关键的是薛况的动机是为了维护父亲尊严，是从亲情出发以尽孝道，认为这是值得同情和宽免的。

最终，"丞相孔光、大司空师丹以中丞议是，自将军以下至博士议郎皆是廷尉。况竟减罪一等，徙敦煌。宣坐免为庶人。"②

争议双方都是引用春秋之义，然而量刑结果一个是弃市予以严惩，一个是发配给予宽宥，可谓天壤之别，这也充分显示了经义断案的随意性和不确定性。双方争辩看起来都是思维缜密、有理有据的，对犯案人、受害者的人品、事发经过、背后动因、心理企图、社会影响都考察得面面俱到。除此之外，还特别注意用词和修饰语，力图做到声情并茂，用词如"骨肉相疑""万众讙哗，流闻四方""上浸之源不可长也"等，都凸显了案件的利害关系。然而，廷尉获胜的关键在于他更好地把握了汉代重视孝道的风气，从父子亲情出发，强调了犯罪的出发点在于维护父权尊严，以孝之名为薛况的犯罪行为找到了合理的情由，将犯罪意图归根于伦理亲情，这就充分论证了薛况行为的情有可原性，甚至有拔高薛况孝行的意味。汉代以孝治天下，人们形成了思维惯性，往往认为只要是出于孝道，为了维护伦理纲常，即使大错，也总有可原谅之处，正如《礼记》记载："凡听五刑之讼，必原父子之亲，立君臣

---

① 《汉书·薛宣传》第3395—3396页。
② 《汉书·薛宣传》第3396页。

之义。"① 判定的标准就是是否符合儒家的"礼",其中的人伦常情不但是重要的考量因素,而且具有高于现行法律的更高效力。《性自命出》也讲:"凡人情为可悦也。苟以其情,虽过不恶;不以其情,虽难不贵。苟有其情,虽未之为,斯人信之矣。未言而信,有美情者也。"② 如果是出于真情,即使是做错了事,犯了过错,不能称之为恶。这和春秋决狱的判案原则有着异曲同工之处。

二、春秋决狱的情感倾向

春秋决狱适用的范围广泛,如亲亲相隐:

> 时有疑狱曰:甲无子,拾道旁弃儿乙养之,以为子。及乙长,有罪杀人,以状语甲,甲藏乙之,甲当何论?仲舒断曰:甲无子,振活养乙,虽非所生,谁与易之。《诗》云:螟蛉有子,蜾蠃负之。《春秋》之义,父为子隐,甲宜匿乙而不当坐。③

亲亲相隐,这是顺应人情做出的权变和妥协。孔子讲:"父为子隐,子为父隐,直在其中矣。"④ 朱熹注曰:"父子相隐,天理人情之至也。故不求为直,而直在其中。"⑤ 父为子隐、子为父隐源自最真挚淳朴的血缘亲情,爱护亲人是人的本性,父母看到子女或者子女看到父母身陷囹圄,惨遭刑笞,自然会产生不忍之心、悲恸之情,"刑始于亲,远者寒心"⑥,为亲人隐匿罪行、不加检举也是人之常情,相反,检举亲朋却离间了亲情和友情,被看作重利轻义的行为。罗尔斯在《正义论》中说道:"法治所要求和禁止的行为应该是人们合理地被期望去做

---

① 《礼记·王制》第 1343 页。
② 《性自命出》第 91 页。
③ 程树德:《九朝律考·汉律考九·春秋决狱考》,北京:中华书局,1963 年,第 164 页。
④ 《论语·子路》第 139 页。
⑤ 朱熹:《四书集注·论语·子路》,长沙:岳麓书社,1895 年,第 178—179 页。
⑥ 黄怀信:《逸周书校补注释》,西安:西北大学出版社,1996 年,第 373 页。

或不做的行为。……它不可能是一种不可能做到的义务。"① 亲亲相隐正是照顾了这种合理的人之常情。

汉宣帝地节四年（公元前 66 年），朝廷下诏终于将亲亲相隐法律化。

> 父子之亲，夫妇之道，天性也。虽有患祸，犹蒙死而存之，诚爱结于心，仁厚之至也，岂能违之哉！自今，子首匿父母、妻匿夫，孙匿大父母，皆勿坐。其父母匿子、夫匿妻、大父母匿孙、罪殊死，皆上请廷尉以闻。②

法律的权威性来自人内心的信仰，而这种信仰基于人情的认同。一项法律的公布用人间最质朴最容易理解的亲情作为依据，用天性、诚爱之心、仁厚之德作为普法根由，如何能不深入人心？亲亲相隐体现了对人性的关怀和对人伦的关注，是对伦理亲情的保护和尊重。此后，亲亲相隐这一司法原则一直被沿用下来，如《唐律》记载："诸告祖父母、父母者，绞。议曰：父为子天，有隐无犯。如有违失，理须谏诤，起敬起孝，无令陷罪。若有忘情弃礼而故告者，绞。"③ 告发亲人被视为忘情弃礼的表现。

春秋决狱还表现在其他方面，如"春秋之义，善善及子孙，恶恶止其身"④，功赏可以扩及子孙亲属，而对于一般罪行只限于惩罚犯罪者本人，不应株连。株连被看作"以有罪及诛无罪"⑤，违背了"父子兄弟罪不相及"⑥ 的圣人之道。其他还有"春秋之义，诛首恶而已"⑦，

---

① 李海荣：《法本无情亦有情——对"亲属容隐"和"春秋决狱"的思考》，《法制与社会》，2007 年第 9 期，第 395 页。
② 《汉书·宣帝纪》第 251 页。
③ ［唐］长孙无忌等著，刘俊文点校：《唐律疏义》，北京：中华书局，1983 年，第 432 页。
④ 《后汉书·刘恺传》第 1309 页
⑤ 《盐铁论·周秦》第 404 页。
⑥ 《春秋左传正义·昭公二十年》第 2092 页。
⑦ 《后汉书·孙宝传》第 3258 页。

"春秋之义，以功覆过"① 等，体现了以维护皇权为前提彰显宽宥哀矜之情的司法断案倾向。

三、原心还是原情

《春秋》作为判案的依据和定刑的法则，其核心一般认为是"原心定罪"，这个心被看作动机②、意图。史料依据如：

> 《春秋》之义，原心定罪。③

> 春秋之听狱也，必本其事而原其志，志邪者不待成，首恶者罪特重，本直者其论轻。④

> 《春秋》之治狱，论心定罪，志善而违于法者免，志恶而合于法者诛。⑤

> 刑故无小，宥过无大，圣君原心省意，故诛故赏误。⑥

春秋决狱的重要特点是对心、志、情的考量，即根据人的主观动机、意图、愿望等来确定是否有罪并作为量刑的依据。但是，从实际案例中可以看到，春秋决狱还涉及对人的心理、人之常情、情节、伦理、道德等综合考量，单纯用原心不能概括春秋断狱的特点，这在其他著述中也有依据，如《汉书·王嘉传》："圣王断狱，必先原心定罪，探意立情。"这里不单讲原心，还涉及了情和意，《五行志》引京房《易传》记载："诛不原情，兹谓不仁。"王符讲："原情论意，以救善人，非欲令兼纵恶逆以伤人也。"⑦《后汉书·霍谞传》记载："谞闻春秋之义，

---

① 《汉书·田延年传》第 3666 页。
② 参见刘黎明：《汉代的"〈春秋〉决狱"》，《文史杂志》，2001 年第 6 期。
③ 《汉书·薛瑄传》第 3395 页。颜师古解释说："原谓寻其本也。"
④ 《春秋繁露·精华》第 92 页。
⑤ 《盐铁论·刑德》第 393 页。
⑥ 《论衡·答佞篇》第 126 页。
⑦ 《潜夫论·述赦》第 196 页。

原情定过，赦事诛意。"① 唐代，康买得为了救父，情急下杀人，唐穆宗赦曰："康买得尚在童年，能知子道，虽杀人当死，而为父可哀。若从沉命之科，恐失原情之义，宜付法司，减死罪一等处分。"②

此外，原心定罪之所以能够可行，是因为可以通过情感的共鸣，来推断犯罪者的内心情感，就是从人之常情的角度试图理解犯罪者的行为。比如对于赵盾是否弑君，董仲舒引用《诗经·小雅·巧言》的话来解释："他人有心，予忖度之。"③ "此言物莫无邻，察视其外，可以见其内也。"④ 本着推己及人的立场，根据行为人以往的所作所为，进而探究行为者实施犯罪时的心理状况，从而做出判断⑤，这体现了情感的感染性和体验特征，"情感能感动人们。它使人们的意识流活跃起来。它改变了他们身体的知觉和感受。情感使人们处于特定的时间和空间之中。情感能社会性地把人置于他人的想象性的或真实的陪伴之中。情感是相互感动的。"⑥

综合以上考虑，将春秋之义概括为原情定罪更能体现出春秋决狱在断案量刑时，对于动机、情感、心理、身份伦理（基于情感发展出来的社会关系）的考量，更能体现春秋决狱的实际内涵。

---

① "所谓'原情'，是依据儒家根据人情所定的道德标准，所谓'殊意'，不一定是刑罚，但更重要的是精神制约，于是儒学成了刑法的内在中心，儒生成了政府管理的官员，儒学正在一步步地取得国家意识形态的地位"。葛兆光：《中国思想史》（第一卷），上海：复旦大学出版社，1998年，第388页。

② ［宋］王溥：《议刑轻重》（卷三十九），载《唐会要》，北京：中华书局，1998年，第706页。

③ 《春秋繁露·玉杯》第41页。

④ 《春秋繁露·玉杯》第41页。

⑤ 我们现在诸多学科，可以考察古人的生存状态，揣度古人心意，就是因为不论去古多久，人性是可以考察的，人的感情都是可以相通的，喜怒哀乐爱恶欲，都是人固有的情感因素。

⑥ ［美］诺尔曼·丹森（Denzin，N. K.）著，魏中军、孙安事译：《情感论》，沈阳：辽宁人民出版社，1989年，第104页。

四、原情的意义

原情是礼法融合的桥梁。原情体现了情融于法、情礼兼顾的特性，是引礼入法的润滑剂和催化剂。"法禁于已然之后，礼禁于将然之前"，春秋决狱的原情论罪就将惩治和教化两方面很好地融合起来，并且随着情感因子的注入，增强了礼法交融的契合性。春秋决狱推动了中国古代司法情理化的过程，原情论罪使得情感伦理作为法律的衡量范畴，确立建立在恻隐和同情之心上的宽宥原则。另外，原情体现了人情味托起的社会道德正义。与秦朝教条、死板的刑律和"罚丽于事，不以其心"[①]的判刑标准相比，司法判案中对礼制精神的吸收彰显了人情味托起的实质性的社会正义，这种社会正义是道德伦理正义，是建立在民众情感上被广泛认可的尺度上的正义。例如，以往判决一案往往造成"转引相连"者数十成百，所谓一人犯罪十家奔亡、州里惊骇，而春秋决狱的总体原则是务在宽宥，"春秋之义，善善及子孙，恶恶止其身"[②]，"春秋之义，诛首恶而已"[③]，"春秋之义，以功覆过"[④]等，这种反对株连、宽刑宥罪的精神影响了汉代的断案风气，许多官吏务求宽大，法外开恩，"使武帝时，治狱者皆能若此（春秋决狱），酷吏传亦不必作矣"[⑤]，在一定程度上改变了过去刑法过于严苛冷酷、网密如凝脂的恶劣状况，也暂时遏制了滥杀无辜、矫制害法的现象，体现了一定程度的社会公平正义。

然而，需要注意的是，情感驱动无法完全保障司法正义，无法彰显理性文明。在汉代社会，原情论罪将人情、伦理列入可以权变的量刑范畴，非理性的思维惯性容易片面夸大人的心理情态，而忽略客观事实和

---

① 冯国超主编：《孔子家语》，长春：吉林人民出版社，2005 年，第 170 页。
② 《后汉书·刘恺传》第 1309 页。
③ 《后汉书·孙宝传》第 3258 页。
④ 《汉书·田延年传》第 3666 页。
⑤ 沈家本：《汉律撰遗（下册）》，台北：台湾商务印书馆，1974 年，第 218 页。

证据，"志善而违于法者免，志恶而合于法者诛"①，从"客观归罪"演变为"主观归罪"，以至于衍生"诛心""腹诽"之类的莫须有罪名，产生"赦事诛意"的流弊。这个非理性的情是凭借非理性的思维来判断衡量的。从根本上说，官吏的断案思维模式是非理性的。一方面，秦汉时期的司法活动缺乏论证严密的司法解释与逻辑推演技术，更多地听凭直觉与经验断案，依靠直觉的模糊性思维量刑，难免造成主观臆断的情况；另一方面，由于在法律实施过程中缺乏普遍性的严格术语，容易导致官吏的"超级自由裁量"。严复在《名学浅说》中尖锐地指出，中国传统思维的缺点是概念含糊、界说不清。"他若'心'字，'天'字，'道'字，'仁'字，'义'字，诸如此等，虽皆古书中极大极重要之立名，而意义歧混百出。廓清指实，皆有待于后贤也。"② 法律语言是一种技术形式，然而汉代社会的道德意识形态却遏制了语言技术形式的发展，法官在法律解释中，可以超出文字的拘囿，根据目的需求任意发挥。《春秋》这部书号称"微言大义""文成数万，其指数千，万物之散聚皆在"，语言极为简练模糊，并不具备法律条文的规范性和确定性，当时兴起的引经注律风气加剧了这种语言的不确定性。例如，杜周、杜延年父子解释法律被称为"大杜律""小杜律"，"后人生意，各为章句。叔孙宣、郭令卿、马融、郑玄诸儒章句十有余家，家数十万言"③，以至于"言数益繁，览者益难"④（魏明帝太和六年下诏："但用郑氏章句，不得杂用余家。"最终确立了郑玄章句的法律解释效力），杜预批评道："简书愈繁，官方愈伪，法令滋章，巧饰弥多"⑤，"法者，盖绳墨之断例，非穷理尽性之书也。"官吏以春秋之义为断案依据，可以随意发挥，穿凿附会。法官找不到自己所需的经义根据时，就全凭自

---

① 《盐铁论·刑德》第 393 页。
② ［英］耶方斯（W. S. Jevons）著，严复译：《名学浅说》，北京：商务印书馆，1981年，第 19 页。
③ ［唐］房玄龄等：《晋书》，北京：中华书局，1974 年，第 923 页。
④ 《晋书·刑法志》第 923 页。
⑤ 《晋书·杜预传》第 1026 页。

己的理解随意阐释，或者断章取义，或者高下随意，擅断、舞弊之风日渐盛行，"缘饰儒术，外宽内深，睚眦必报……掇类似之词，曲相符合，高下在心，便于舞文……"① 非理性的情感因素恰恰成为否定法律正义的最好借口，情与礼反而成为一些人以权谋私、恣意妄行的招牌、幌子，为别有用心之人大开方便之门。

春秋决狱在两汉盛极一时，直到魏晋时期仍然遗风犹存，例如北魏太平真君六年（公元 445 年），史书中仍然有"以有司断法不平，诏诸疑狱皆付中书，依古经义论决之"的记录。直到"一准乎礼"的唐律诞生，法律和儒家伦理完美地结合在一起，春秋决狱才逐渐淡出了历史舞台。但是，春秋决狱的原情精神却一直延续下来，它将儒家经义法律化，又将严肃的律法规范软化为可以酌情的伦理道德，形塑了汉代司法体系的"伦理法"的特质，对后世有着深远影响。

---

① 刘师培：《儒学法学分歧论》，《国粹学报》，1907 年第 7 期，第 3 页。

第四章

社会实践中的情与礼、法

思想影响并带动社会风气，情感也不例外，汉代情与礼法关系在思想上的变动引发了社会风气的转变。这个转变表现为地方官员在断案时哀矜折狱，执法时务求宽大，士人在生活中崇尚通过抑情崇礼来标榜德行。一方面，道德情感中的恻隐之心成为标榜仁德的标志，严肃的律法刑制被宽宥之心软化得含情脉脉，影响了此后的法律精神，合情成为优先于合法的追求目标；另一方面，自然情感中自发的生物性欲望则被刻意抑制，在情的认识论上，从安情、体情走向了抑情、灭情。

第一节　伦理法特质下道德情感的彰显

春秋决狱推动了中国古代司法情理化的过程，原情论罪不但使情感伦理成为法律的衡量范畴，还认可了建立在恻隐和同情之心上的宽宥原则。这种宽刑宥罪的经义精神影响了汉代社会的断案风格。

一、哀矜勿喜的判例心态

汉代思想家们认为情与法密切相关，情是立法的基础和量刑的依据，这种认识反映在社会执法层面上，就形成了一种哀矜折狱、务求宽大的断案风格。

　　　盛吉为廷尉。每至冬节。罪囚当断。妻夜执烛。吉持丹笔。夫妻相对垂涕决罪。隽不疑为青州刺史每行县录囚徒还。其母辄问不疑。有所平反。活几何人。不疑多所平反，母喜笑为饮食，语言异于他时。或亡所出，母怒为之不食。夏原吉尝夜阅爰书，抚案而叹，笔欲下辄止。妻问之。曰："此岁终大辟奏也。"此皆慈祥恻怛，得祥刑之意者。①

夫妻相对垂涕，体现了人的恻隐和不忍之心，这是对于生命流逝的哀叹惋惜。值得注意的是，盛吉母亲的行为则不是单纯的恻隐之心的体现，而是另有意味，正如有学者分析的那样："这种单单以罪犯生死为考虑基准——如生则喜，若死则怒，而将被害人的生死利害置之度外的情绪反应，则显然有悖于儒家强调惩罚'中道'的思想，而且还蕴含着某种私心或自利。"② 例如为了积福求报、为子孙积阴德等。不过，这不是哀矜折狱的主流心态，哀矜折狱主要体现了人的恻隐之心引发的仁心仁德，表现为在断案量刑时一旦发现有情有可原之处、有可怜之人，就会网开一面，予以宽大，或在量刑上予以减免，或给予相应的变通照顾。例如，东汉初年，鲍昱为沘阳县令，县人赵坚杀人被判死刑，"其父母诣（鲍）昱，自言年七十余惟有一子，适新娶，今系狱当死，长无种类，涕泣求哀。昱怜其言，令将妻入狱，解械止宿，遂妊身有子。"③ 再如，申屠蟠年轻时曾进谏地方长官梁配，为一为父报仇杀人之女辩护，赞扬她的高尚节义："不遭明时，尚当表旌庐墓，况在清听，而不加哀矜！"④ 梁配同意了申屠蟠的观点，将其减免罪责，"乡人称美之"⑤。此外，郭躬为廷尉，"决狱断刑，多依矜恕，乃条诸重文可

---

① 官箴书集成编纂委员会编：《官箴书集成》第5册，合肥：黄山书社，1997年，第193页。

② 徐忠明：《情感、循吏与明清时期司法实践》，上海：上海三联书店，2009年，第145页。

③ 《后汉书·鲍昱传》第1021页。

④ 《后汉书·申屠蟠传》第1751页。

⑤ 《后汉书·申屠蟠传》第1751页。

从轻者四十一事奏之，事皆施行，著于令。"① 众多事例不胜枚举。

二、息讼中的人情考量

息讼是人情的需要，以情动人是息讼的手段。孔子讲："听讼，吾犹人也，必也使之无讼乎！"② 在地方治理中，民间争讼被视作教化不开、社会不稳定的因素和表现，百姓就应该安分守己，乡间邻里就应该相互亲爱和睦共处，"死徙无出乡，乡田同井，出入相友，守望相助，疾病相扶持，则百姓亲睦"③，这是最为理想的生活场景。诉讼向来被看作利益之争，如《说文解字》："讼，争也。"④ "诉，告也。"⑤ 郑玄解释为："讼，谓以资财相告者。" 而若是家庭亲朋好友之间引发争执，乃至到了打官司的程度，会被认为是大伤教化的悖德忘礼之举，无论执胜执败，都有亏人伦，疏离感情，这种认识一直延续至封建社会末期，南宋理学家和法学家胡颖说："与亲族讼，则伤亲族之恩；与乡党讼，则伤乡党之谊。" 再如海瑞在《兴革条例·吏属》中所讲：

> 词讼繁多，大抵皆因风俗日薄，人心不古，惟己是利，见利则竞。以行诈得利者为豪雄，而不知欺心之害；以健讼得胜者为壮士，而不顾终讼之凶。而又伦理不惇，弟不逊兄，侄不逊叔，小有蒂芥，不相能事，则执为终身之憾，而媒孽讦告不止。不知讲信修睦，不能推己及人，此讼之所以日繁而莫可止也。⑥

可见，争讼尤其亲人争讼始终是不讲伦理、亲情淡漠、教化不行的突出表现，基于这种认知，地方官吏在执法中也务求息讼，以和为贵，以人情体面为重。

---

① 《后汉书·郭躬传》第 1544 页。
② 《论语·颜渊》第 128 页。
③ 《孟子·滕文公上》第 212 页。
④ 《说文解字·言部》第 56 页。
⑤ 《说文解字·言部》第 56 页。
⑥ ［明］海瑞著，陈义钟编校：《海瑞集》，北京：中华书局，1962 年，第 114 页。

长沙东牌楼东汉简牍曾记载一个亲人之间争夺田产的案件：

1 光和六年九月己酉（朔）（十）日戊午，监临湘李永、例督盗贼殷何叩头死罪敢言之。

2 中部督邮掾治所檄曰：（民）大男李建自言大男精张、精昔等。母姃有田十三石，前置三岁，（田）税禾当为百二下石。持丧葬皇宗

3 事以，张、昔今强夺取（田）八石；比晓，张、昔不还田。民自言，辞如牒。张、昔何缘强夺建田？檄到，监部吏役摄张、昔，实核（田）

4 所，畀付弹处，罪法明附，证验正处言。何叩头死罪死罪。奉按檄辄径到仇重亭部，考问张、昔，讯建父升辞，皆曰：

5 升罗，张、昔县民。前不处年中，升娉（？）取张同产兄宗女姃为妻，产女替，替弟建，建弟颜，颜女弟絛。昔则张弟男。宗病物

6 故，丧尸在堂。后（姃）复物故。宗无男，有余财，田八石种。替、建（皆）尚幼小。张、升、昔供丧葬宗讫，升还罗，张、昔自垦食宗

7 田。首核张为宗弟，建为姃敌（嫡）男，张、建自俱为口分田。以上广二石种与张，下六石悉畀还建。张、昔今年所畀

8 建田六石，当分税张、建、昔等。自相和从，无复证调，尽力实核。辞有（后）情，续解复言。何诚惶诚

9 恐，叩头死罪敢言之"①。

这段文字的大意是东汉灵帝光和六年（公元 183 年），监临湘李永报告了一个关于土地纠纷的民事案件，李建告发自己的外叔祖父精张以及堂舅舅李建侵夺母亲精姃的八石田产，而被告辩称这八石田产是李建

---

① 长沙市文物考古研究所，中国文物研究所：《长沙东牌楼东汉简牍》，北京：文物出版社，2006 年，第 73 页。

外祖父精宗留下的遗产，双方争辩不休，导致诉诸公堂。值得注意的是，地方政府在介入后，经过调查核实，最终的结果不是依法做出裁决，而是让他们"自相和从"，也就是私下和解，充分体现了地方政府对于民事案件务求息讼的精神。

在汉代，息讼的目的是维护伦理人情，而息讼的主要手段就是以情动人，即通过潜移默化的礼义教化来"化变民心"①，使百姓"躬道德而敦慈爱，美教训而崇礼让"②，"人有士君子之心"③，"无邪淫之欲……终无违礼之行"④，最终达到"民无争心"⑤ 的目的。

> 仇览……选为蒲亭长，……览初到亭，人有陈元者，独与母居，而母诣览告元不孝。览惊曰："吾近日过舍，庐落整顿，耕耘以时。此非恶人，当是教化未及至耳。母守寡养孤，苦身投老，奈何肆忿于一朝，欲致子以不义乎？"母闻感悔，涕泣而去。览乃亲到元家，与其母子饮，因为陈人伦孝行，譬以祸福之言。元卒成孝子。⑥

仇览由屋舍整洁、耕种及时等因素推想被告不是大恶之人，进而从母子亲情入手，规劝寡母不能泄一时之愤，把儿子置于不孝不义的境地。这是借母子亲情打动原告，以求暂时的平息争讼，更难得的是，之后仇览如家长一般亲自教导其子人伦孝行，最终达到了母慈子孝的局面。这个过程充分体现了仇览先动之以情、后教之以礼的息讼手法。

以情动人之所以可行，是因为情感具有感染性，通过晓之以情让人产生共鸣，进而打动人心。以情动人达到息讼的成功常见于家庭成员之间的争讼：

---

① 《潜夫论·德化》第 372 页。
② 《潜夫论·德化》第 380 页。
③ 《潜夫论·德化》第 377 页。
④ 《潜夫论·德化》第 375 页。
⑤ 《潜夫论·德化》第 380 页。
⑥ 《后汉书·仇览传》第 2749—2480 页。

民有昆弟相与讼田自言。延寿大伤之，曰："幸得备位，为郡表率，不能宣明教化，至令民有骨肉争讼，既伤风化，重使贤长吏、啬夫、三老、孝弟受其耻，咎在冯翊，当先退。"是日移病不听事，因入卧传舍，闭门思过。一县莫知所为，令丞、啬夫、三老亦皆自系待罪。于是讼者宗族传相责让，此两昆弟深自悔，皆自髡肉袒谢。愿以田相移，终死不敢复争。①

和帝时，（许荆）稍迁桂阳太守。郡滨南州，风俗脆薄，不识学义。荆为设丧纪婚姻制度，使知礼禁。尝行春到耒阳县，人有蒋均者，兄弟争财，互相言讼。荆对之叹曰："吾荷国重任，而教化不行，咎在太守。"乃顾使吏上书陈状，乞诣廷尉。均兄弟感悔，各求受罪。②

兄弟之间之所以能够和解息诉，是因为有一定的情感基础，面对骨肉亲人才更容易受到感化而反省自惭，和解息讼才成为可能。除了这种基于亲情伦理的息讼，地方法官往往利用人情好静惜财、图吉利、求省事这样的人之常情达到息讼、止讼的目的。清代袁守定就对人情好恶有着深刻领会："人情好静。而讼则必动。人情好省事，而讼则多事，人情好常吉，而讼则终凶，人情好惜钱，而讼则耗钱，人亦何所乐而为是哉。不得已也。物不得其平则鸣。鸣矣而不得直，则愈不得平矣，为民分忧，所望良有司至切也。"③

三、思想及社会渊源

无论是哀矜勿喜的断案态度，还是务求息讼的判案原则，首先是因

---

① 《汉书·韩延寿传》第 3213 页。
② 《后汉书·许荆传》第 2472 页。《旧唐书》记载的一例以情息讼案件也比较典型，"（韦景骏）为贵乡令，有母子相讼者。景骏谓之曰：'吾少孤，每见人养亲，自恨终天无分。汝幸在温清之地，何得如此？锡类不行，令之罪也。'因垂泣呜咽，仍取《孝经》付令习读之，于是母子感悟，各请改悔，遂称慈孝。"（《旧唐书·韦机传》第 4797 页）。
③ 《图民录》第 195 页。

为法律和情感有着千丝万缕的联系，法律逃不脱对人情的度量。如前所述，法因情而制，"因天理，顺人情"成为法律制定和执法的依据。《尚书·吕刑》记载："非佞折狱，惟良折狱，罔非在中。……哀敬折狱，明启刑书胥占，咸庶中正。其刑其罚，其审克之。狱成而孚，输而孚。"①《论语·子张》记载："孟氏使阳虎为士师，问于曾子。曾子曰：'上失其道，民散久矣。如得其情，则哀矜而勿喜。'"②荀悦认为生命可贵，人死不可复生，所以要谨慎刑罚，处以宽和，以哀矜之心体恤民情。

> 惟慎庶狱以昭人情。……情讯以宽之，朝市以共之，矜哀以恤之，刑斯断，乐不举，慎之至也。刑哉刑哉，其慎矣夫。③

在断案中，要秉持哀敬折狱的态度，查到了真相，也要哀矜而勿喜，哀就是同情，矜就是恻隐仁慈，在断案量刑时，要务求宽大，为了顾及人情，法律要做出变通甚至让步。汉代春秋决狱推动了中国古代司法情理化的过程，原情论罪使得情感伦理成为法律的衡量范畴。情与法的渊源以及春秋决狱原情论罪定下的基调，影响到社会上就形成了这种哀矜之心断案、务求息讼的审案风格。

哀矜勿喜的判例心态一直被延续下来。明代隆庆年间，刑科给事中胡槚指示各司判案时言："律文矜、疑文字，求情定罪，难于并用。所谓矜者，如或发于情之不容已，或出于势之不得不然，或迫于相激，或陷于无知，一旦抵罪，其情犹可矜也。所谓疑者，拟以罪名，终难归结，此其罪又可疑也。二字文虽联络，义又相蒙。今章奏概用无别，殊失律议。请刑部饬诸司，参酌律讼，可矜可疑，各剖析情罪。"④"哀矜

---

① 《尚书正义·吕刑》第 250 页。
② 《论语·子张》第 203 页。
③ 《申鉴·政体》第 3 页。
④ ［清］嵇璜、刘墉等撰，纪昀等校订：《续通典》卷 112，北京：商务印书馆，1935 年，第 1819 页。

审克，期于无刑"① 成为一种儒家思想指导下的法律层面的仁德体现，息讼也一直成为地方官吏追求的治理目标。

其次，随着"罢黜百家，独尊儒术"的开展，司法人员日益摆脱不开儒家情感思维的影响。汉代没有专业的法律阶层，由具有一定人文素养的儒家官僚进行司法活动，他们受到的儒家经义教育使其产生了一种直觉性的断案思维。最早审案的法则是"以五声听狱讼，求民情"（注："五听"即辞听、色听、气听、耳听、目听，源于《周礼·秋官·小司寇》），法官通过察言观色来判断是非曲直，韦伯曾说："中国那些食官俸的人怎样来证明他的等级资格和卡里斯马（charisma"神圣的天赋"）呢？就是靠他那符合儒学形式的典范的正确性。"② 而这种儒家思维是以情感为本体的，在积年累月的礼乐教化培养模式下，司法人员形成了特有的儒家思想认知体系，他们重仁义、轻利害，重伦理、轻技艺，重礼乐教化、轻刑法约束，在他们心目中，理想的官民关系不是契约式的管理与被管理的关系，而是伦理式的家长关系，地方官吏被百姓爱戴拥护，就会冠以地方父母的亲切称谓，这在《循吏传》中经常见到，朱邑被"吏民爱敬"③、召信臣被百姓呼为"召父"、杜诗号为"杜母"，只要是为官清廉正直，都被百姓亲爱，官吏自己也甘愿承担起地方父母的使命，以地方上的大家长自居，譬如严延年专任酷法，其母斥责说："幸得备郡守，专治千里，不闻仁爱教化，有以全安愚民，顾乘刑罚多刑杀人，欲以立威，岂为民父母意哉！"④ 为民之父母，在儒家思想的影响下，在断案量刑时就不能忽视情感因素的影响，只能兼顾人情和法理，在情与法的权衡中寻找最佳的契合点。

最后，宗法社会离不开情感伦理的基础。商周时期形成了以嫡长子

---

① ［清］徐松辑录：《宋会要辑稿》，北京：中华书局，1957 年，第 6667 页。
② ［德］马克斯·韦伯著，王容芬译：《儒教与道教》，北京：商务印书馆，1995 年，第 184 页。
③ 《汉书·朱邑传》第 3637 页。
④ 《汉书·酷吏传·严延年》第 3672 页。

继承制为核心、以血缘为纽带的宗法等级制度，用严格的等级制度，辨明亲疏贵贱，维护族人的凝聚力，对后世产生了极大影响。到了汉代，随着《白虎通义》的颁布，以三纲六纪为核心的宗法制度确立下来，在以父权为核心的宗法体系中，人被宗族关系所包围，日常交往都是乡里乡亲，那么在处理法律问题时，就无法规避宗法关系背后的亲情、人情和体面，不可能无所顾忌地任意而为。如若义无反顾地无视人情世故，可能会带来良心的不安，招致舆论的谴责，也正是由于出于乡土熟人社会的现实考虑，地方官吏在断案中务求哀矜折狱，宽宥量刑，秉着息讼止讼的原则，希冀大事化小、小事化了。

东汉卓茂事件可以充分反映这种在实际生活中对情礼法的认识：

> 人尝有言部亭长受其米肉遗者，茂辟左右问之曰："亭长为从汝求乎？为汝有事嘱之而受乎？将平居自以恩意遗之乎？"人曰："往遗之耳。"茂曰："遗之而受，何故言邪？"人曰："窃闻贤明之君，使人不畏吏，吏不取人。今我畏吏，是以遗之，吏既卒受，故来言耳。"茂曰："汝为敝人矣。凡人所以贵于禽兽者，以有仁爱，知相敬事也。今邻里长老尚致馈遗，此乃人道所以相亲，况吏与民乎？吏顾不当乘威力强请求耳。凡人之生，群居杂处，故有经纪礼义以相交接。汝独不欲修之，宁能高飞远走，不在人间邪？亭长素善吏，岁时遗之，礼也。"人曰："苟如此，律何故禁之？"茂笑曰："律设大法，礼顺人情。今我以礼教汝，汝必无怨恶；以律治汝，何所措其手足乎？一门之内，小者可论，大者可杀也。且归念之！"于是人纳其训，吏怀其恩。①

可见，卓茂认为虽然法律禁止官吏收受贿赂，然而却有符合人情常理之处，也并不违背礼义。

卓茂慎用刑法，注重礼义教化是有可取之处的，体现了他怜惜百姓的仁爱之心，然而这种仁爱却涂满了世故色彩：百姓给亭长送礼，并非

---

① 《后汉书·卓茂传》第 869—870 页。

真心实意地馈赠，而是"今我畏吏，是以遗之"，这是一种面对权威的无可奈何的做法，这种人情往来中潜在的胁迫性是卓茂故意忽视的。卓茂鄙视告发者"敝人"，甚至断言如果不对这种礼和人情妥协，则只能远走高飞，别无出路，用礼顺人情为受贿这种违法行为做出了辩护。其实，卓茂口中的礼是特权带来的礼，情是世故的情。他所倡导的交接之礼充满了目的性和功利性，成为一种"我给你好处，你不找我麻烦"的回报性质的人情。卓茂事件充分体现了在法律面前，人们往往以人情和礼义作为规避借口，而这种人情却腐化变质，根本不能从民所欲。虽然汉代思想家倡导礼以人情为根基，礼应顺应民心安民之情，亭长的行为却是从己私欲、违民之情，"人情"开始变质，礼、法不再纯粹。

卓茂事件不过是法制领域的一个特殊案件，但是却可以体现出地方官吏在力求平衡情礼法的关系时，对法律精神的异化和侵害这种异化和侵害，往往打着变通、时务的幌子，将法律置于尴尬的境地，情、礼、法的关系演变成曲法、重礼、伸情的变相原则。明代朱元璋在审定《大明律》时，对皇太孙朱允炆解释道："此书首列二刑图，次列八礼图者，重礼也。顾愚民无知，若于本条下即注宽恤之令，必易而犯法。故以广大好生之意，总列名例律中。善用法者，会其意可也。"朱允炆回应说："明刑所以弼教，凡与五伦相涉者，宣皆曲法以伸情。"[1] 面对人情，法律是需要适宜地变通和让步的，这种变通和让步是有原则和尺度的。面对人情一味妥协让步，人的权利意识就越来越淡，法律的保护作用也就越来越弱。

综上，以人情为润滑剂和催化剂，汉代开辟了引礼入法的道路，造就了特殊的礼法社会模式，这种模式是中国特有的，"在几个主要的文明古国里，其早期成文法都具有一个显著特点，即法律的发展与宗教有紧密联系。"[2] 宗教赋予法律神圣的地位，增强其至高无上的权威性，

---

[1] ［清］张廷玉等：《明史·刑法志》，北京：中华书局，1974 年，第 2283 页。

[2] ［美］D. 布迪，C. 莫里斯著，朱勇译：《中华帝国的法律》，南京：江苏人民出版社，1998 年，第 9 页。

譬如犹太法和伊斯兰法，是宗教的信仰支撑起了法律的效力。在中国却截然不同，任何一部法典都没有明确来源于神的旨意，"法者，非天坠，非地生；发于人间，而反以自正"①，法律是踏踏实实地源于并落实到人间生活的，"圣人既躬明哲之性，必通天地之心，制礼作教，立法设刑，动缘民情，而则天象地。"② 虽然人们推崇天人合一，"通天地之心"，却并没有落实到哪一个具体的神灵，而是认为礼法是高智慧的圣人"动缘民情"而制，宗教的作用被伦理常情尤其儒家思想倡导的情、礼、法观念所替代。随着儒家伦理化的加深，伦理常情成为一种高于法律效力的行为准则，一方面从某种程度上推动了法律体系前进的脚步，造就了中国伦理法的特性，形塑了中华法系的基本精神和文化特征，为中华法系奠定了基石；另一方面为主观臆测、徇私枉法、滥用司法权力大开方便之门，带来了诸多弊端。

第二节　隆礼下自然情感的压抑

一、矫情崇礼的社会表象

孔子的"发乎情，止乎礼"③ 是人们处理感情问题的信条，然而，如何做到一言一行于情感中发生、因道德礼仪而终止？如何恰到好处地把握情礼平衡呢？汉代矫情崇礼社会风气的泛滥值得我们反思和借鉴。

汉代矫情崇礼的社会风气主要表现为以下三个方面。

（一）礼让爵位、财产之风

礼让谦恭是儒家提倡的君子品质。"让"本身是对情的一种克制或

---

① 《淮南子·主术训》第 296 页。
② 《汉书·刑法志》第 1079 页。
③ ［汉］毛亨、毛苌传，［汉］郑玄笺，［唐］孔颖达等正义，黄侃句读：《毛诗正义》，北京：中华书局，1952 年，第 36 页。

约束，荀子曾说："顺情性则不辞让矣，辞让则悖于情性矣。"① 将本属于自己的名利钱财礼让他人，体现了一种大方无私的品格以及超然豁达的心态，如果人不为世俗左右，不被权钱利诱，这正是人们所追求向往的修养境界，但是如果行为表现得过于刻意、缘饰，意图通过礼让行为获取好名声、好声望，目的性和功利性过于明显，就会显得虚伪而矫情。

汉代，尤其东汉时期出现了诸多相让爵位、家产、功名的典型事迹。其一，相让爵位。比如，汉明帝时期，丁鸿为了让爵位给弟弟丁盛，离家出走多年。邓彪"父卒，让国于异母弟荆凤，显宗高其节，下诏许焉"②。其二，推让家产。如章帝时期，韩棱"推先父余财数百万与从昆弟，乡里益高之"③。其三，礼让功名。为了让兄弟先成名，自己放弃出仕。如章帝时，鲁恭与弟丕幼年丧父，"恭怜丕小，欲先就其名，托疾不仕。郡数以礼请，谢不肯应，母强遣之，恭不得已而西……"④ 童恢弟弟童翊名高于童恢，宰府先辟之，"翊阳喑不肯仕，及恢被命，乃就孝廉，除须昌长。"⑤

类似的事迹不胜枚举。不可否认，有些士人确实真诚无私、德才高妙，修养达到了较高的境界，对于富贵荣华、声色犬马等毫不动心，是实实在在的谦谦君子。也有相当一部分士人是为了标新立异、激扬名声，这种附带目的性的个人表演掉进了世俗、功利的大染缸，染上了虚伪、做作、装腔作势的色彩。比如章帝时，刘恺为了让爵于弟刘宪，"遁逃避封"，"积十余岁，……其听（刘）宪嗣爵"。十几年后，才获准让国于弟⑥。宋代学者苏轼就批判说："若刘恺之徒让其弟，使弟受非服，而己受其名，不已过乎？"认为刘恺让国是为了给自己博名，陷

① 《荀子·性恶》第 437 页。
② 《后汉书·邓彪传》第 1495 页。
③ 《后汉书·韩棱传》第 1534 页。
④ 《后汉书·鲁恭传》第 874 页。
⑤ 《后汉书·循吏列传·童恢》第 2482 页。
⑥ 《后汉书·刘恺传》第 1306 页。

弟弟于不义境地。"其论称太伯、伯夷未始有其让也。故太伯称至德，伯夷称贤人。……然汉士大夫多以此为名者，安、顺、桓、灵之世，士皆反道矫情，以盗一时之名。"① 东汉尤其东汉后期，类似的矫情崇礼现象太过泛滥，已经背离了礼让的精神实质，成为一种博取美名的惯常手段。

（二）哀丧过礼、争做孝子之风

骨肉亲情是最自然、最纯朴、最深厚的情感。父母去世后，子女哀伤痛哭是人之常情。东汉时期，有的士人采用极端的方式折磨自己，搞得自己形容枯槁，日渐憔悴，以此来表达自己的丧亲之痛是如何沉重、对父母的怀念是何等强烈，崇礼太过，违背常情，走向了矫情自饰。

按照礼制要求，为父母三年守丧期间，子女应遵守礼制，遏制自己的七情六欲，不过夫妻生活，不作乐，不访友，不离开墓所，不饮酒食肉等。在东汉，诸多士人往往有过之而无不及，如桓帝时，申屠蟠九岁丧父，不喝酒吃肉十多年。明帝时，韦彪在父母去世后，"哀毁三年，不出庐寝。服竟，羸瘠骨立异形，医疗数年乃起。"② 桓帝时，梁太后下诏奖励孝子惠王："济北王次以幼年守藩，躬履孝道，父没哀恸，焦毁过礼，草庐土席，衰杖在身，头不枇沐，体生疮肿。谅闇已来二十八月，自诸国有忧，未之闻也，朝廷甚嘉焉。"③ 此后，士人折磨、自残身体以彰显孝道的矫情风气大盛，青州乐安县的赵宣在父母死后，不仅守孝三年，而且在墓道中居住长达二十多年之久，被乡间称为"至孝"，但他的五个孩子竟然都是居丧期间所生，事情败露，举世哗然。一方面贪恋恪守礼制所带来的崇敬和名声，另一方面却无法控制自己的七情六欲，情与礼的矛盾最终造成了他这种诳时惑众的虚伪行径，这种表里不一的拙劣表演真是让人啼笑皆非。应劭就对这种矫情风气提出了

---

① 郭预衡：《唐宋八大家散文总集》，石家庄：河北人民出版社，1995 年，第 4536—4537 页。

② 《后汉书·韦彪列传》第 917 页。

③ 《后汉书·章帝八王传·济北惠王传》第 1807 页。

严厉指责："子路丧姊，期而不除，仲尼以为大讥，况于忍能矫情，直意而已也哉!"① 对当时士人服丧期间的过激现象表达了严厉批判。

（三）不亲亲友、不通人情之风

"人情莫亲父母，莫乐夫妇。"② 对家人的亲爱是自然的、无可厚非的人之常情，然而汉代一些士人在日常生活中，以礼法为法旨教条，行为偏激到了刻薄寡情、不通人情的地步。西汉末年，太原郝子廉"饥不得食，寒不得衣，一介不取之于人。曾过姊饭，留十五钱，默置席下去。每行饮水，常投一钱井中"③。这种倾向到了东汉更甚，东汉初，张湛"矜严好礼，动止有则，居处幽室，必自修整，虽遇妻子，若严君焉。及在乡党，详言正色，三辅以为仪表。人或谓湛伪诈，湛闻而笑曰：'我诚诈也。人皆诈恶，我独诈善，不亦可乎?'"④ 日常生活中，对妻子儿女如同严君一般，没有一点家庭该有的温暖和煦，实在是违背了人之常情，也难怪被时人讥讽为虚伪奸诈。明帝时，周泽"清洁循行，尽敬宗庙。常卧疾斋宫，其妻哀泽老病，窥问所苦。泽大怒，以妻干犯斋禁，遂收送诏狱谢罪。当世疑其诡激。时人为之语曰：'生世不谐，作太常妻，一岁三百六十日，三百五十九日斋'"⑤。此风还延续到了曹魏时期，何曾"无声乐嬖幸之好。年老之后，与妻相见，皆正衣冠，相待如宾。己南向，妻北面，再拜上酒，酬酢既毕便出。一岁如此者不过再三焉"⑥。种种不近人情之反常行为着实让人讶异慨叹。

---

① ［汉］应劭著，王利器校注：《风俗通义校注》，北京：中华书局，1981 年，第 137 页。

② 《汉书·贾捐之传》第 2833 页。

③ 《风俗通义·愆礼》第 152 页。

④ 《后汉书·张湛传》第 928 页。

⑤ 《后汉书·儒林列传·周泽》第 2579 页。

⑥ 《晋书·何曾传》第 997 页。

二、思想及实践渊源

（一）思想渊源：从缘情制礼到矫情崇礼

如前所述，礼是缘情而制的，人都有七情六欲，都喜爱美食，向往富贵，这是人之常情，但是如果不加约束，人人任情纵欲，就会产生混乱争斗，"从人之性，顺人之情，必出于争夺，合于犯分乱理而归于暴。"① 为了防止纷争四起，就要用礼义法律来约束性情，比如要"发乎情止乎礼义"，要"因人之情而为之节文"②。但是对人情的约束也不是无休止的，先秦儒家思想从来没有倡导要对情进行脱离本真的压制，而是提倡人们重视人间真情，追求生活本真，如郭店楚简记载："苟以其情，虽过不恶；不以其情，虽难不贵。"③ 只要是真情使然，即使过度，也不是恶的；不是发于真情，即使难得，也不珍贵。

然而，到了汉代，人们对情礼关系的认识有了很大转变，这个转变也影响了此后一千多年人们对情的认知。董仲舒将阴阳附会情性，提倡性善情恶的学说。他认为，有了情，人性就有了恶端，人怎么能让恶占领自己的内心世界？更关键的是，东汉官方经典《白虎通义》的编纂强化了这种"情恶"论："阳气者仁，阴气者贪，故情有利欲，性有仁也。"④ 逐渐将人情等同于人欲，等同于对一切非君子的物质追求，如果再不用礼乐来遏制人情，就会大祸临头，最终理论的风向标变成"人能枉欲从礼者，则福归之。顺情废礼者，则祸归之。"⑤ 换句话说，个人无论何时何地都要以礼义为先，人情、欲望是一切罪恶的根源，顺情废礼是万万要不得的，否则不符合天人合一、阴阳互补这样的和谐。这种本身就不太成熟、不太客观的理论传播到民间，也带来了社会风气

---

① 《荀子·性恶》第 435 页。
② 《礼记·坊记》第 1618 页。
③ 《性自命出》第 91 页。
④ 《白虎通·性情》第 381 页。
⑤ 《后汉书·荀爽传》第 2055 页。

的转变，许多人不敢表现自己的真性情，刻意标榜、迎合礼制要求，出现了诸多矫情以崇礼的社会现象。

（二）实践渊源：朝仪揭开了以礼节情的序幕

汉代士人对情礼关系认知的转变从实践上可以追溯到叔孙通制定朝仪事件①。事件始末如下：

> 汉王已并天下，诸侯共尊为皇帝于定陶，通就其仪号。高帝悉去秦仪法，为简易。群臣饮争功，醉或妄呼，拔剑击柱，上患之。通知上亦厌之，说上曰："夫儒者难与进取，可与守成。臣愿征鲁诸生，与臣弟子共起朝仪。"高帝曰："得无难乎？"通曰："五帝异乐，三王不同礼。礼者，因时世人情为之节文者也。故夏、殷、周礼所因损益可知者，谓不相复也。臣愿颇采古礼与秦仪杂就之。"上曰："可试为之，令易知，度吾所能行为之。"②

"饮争功，醉或妄呼，拔剑击柱"，喜悦、自豪之情溢于言表，这种情绪的宣泄是人之常情，正所谓"喜、怒、哀、惧、爱、恶、欲，七者弗学而能"③，情绪感物而生，人们受特定情境的影响，抒发喜怒哀乐之情也是非常自然的，"含而弗吐，在情而不萌者，未之闻也。"④ 该事件中，将士们离乡背井、别家舍业，跟随刘邦转战数年，风餐露宿，血染沙场，他们夸功斗嘴，醉酒喧闹，是他们真性情的体现，即使做出拔剑击柱这种无礼行为，对于他们这些粗直的莽汉来说也是再正常不过的。然而这种行为却使得"上患之"，是因为这种感情的肆意宣泄威胁

---

① 胡适认为叔孙通制定朝仪有"莫大的历史意义"："第一，这是儒生在汉帝国之下开始大批进用的历史。第二，这是那个马上得天下的帝国开始文治化的历史。第三，这是平民革命推翻秦国帝制之后又从头建立专制政体的历史"。（胡适：《胡适学术文集·中国哲学史》上卷，北京：中华书局，1991年，第342页。）学者史广全认为"刘邦拜叔孙通为太常并赐金五百斤，这标志着整个儒家学术的复兴契机就要到来了。"（史广全：《礼法融合与中国传统法律文化的历史演进》，北京：法律出版社，2006年，第244页。）

② 《汉书·叔孙通传》第2126页。

③ 《礼记·礼运》第1422页。

④ 《淮南子·缪称训》第332页。

到了帝王自我价值认同感，侵害到了君权至高无上的权威。帝王是最高权力的象征，是至高无上的天子，刘邦虽然出身卑微，但在手握至高权力的加持下，很快调试自己进行身份转换，显然早已经适应并陶醉于帝王这一高高在上的角色，新的身份迫切需要极度自尊的满足，"自尊心是对特殊的自我价值的一种感觉，这种价值体现在旁人的尊重上。"①在这些拔剑击柱的粗鲁臣子面前，刘邦得不到君临臣下的回应，感觉不出自己无上的尊贵和优越，这使刘邦异常失望和不安，而只有礼才能满足他的自尊需求。

没有比礼更加适合这个工作的了，礼首先有节制喜怒的功能，如"发乎情止乎礼义"，如"夫礼所以制中也"②，情失去了度，就会损伤身心，最重要的是，乐统同，礼辨异，礼是辨别等级的功能，"礼义立，则贵贱等矣。"③

叔孙通扛着礼仪的大旗，高喊与时俱进的口号，对那些所谓不合时宜的粗鄙言行开始了改造。

> 习之月余，……汉七年，长乐宫成，诸侯群臣朝十月。仪：先平明，谒者治礼，引以次入殿门。廷中陈车骑戍卒卫官，设兵，张旗志。传曰"趋"。殿下郎中侠陛，陛数百人。功臣、列侯、诸将军、军吏以次陈西方，东乡；文官丞相以下陈东方，西乡。大行设九宾，胪句传。于是皇帝辇出房，百官执戟传警，引诸侯王以下至吏六百石以次奉贺。自诸侯王以下莫不震恐肃敬。至礼毕，尽伏，置法酒。诸侍坐殿下皆伏抑首，以尊卑次起上寿。觞九行，谒者言"罢酒"。御史执法举不如仪者辄引去。竟朝置酒，无敢讙哗失礼者。于是高帝曰："吾乃今日知为皇帝之贵也！"④

① ［德］马克斯·舍勒著，刘小枫选编：《舍勒选集（上）》，上海：上海三联书店，1999 年，第 623 页。
② 《礼记·仲尼燕居》第 1613 页。
③ 《礼记·乐记》第 1529 页。
④ 《汉书·叔孙通传》第 2127 页。

事实证明，礼仪培训的效果很好，诸侯大臣毕恭毕敬、诚惶诚恐，大气不敢出一下，皇帝获得了极为痛快的心理满足——"吾乃今日知为皇帝之贵也"！

今日之"贵"，贵在皇权的至高无上，贵在高高在上的帝王身份带来的心理满足，这些都是通过朝仪外在彰显出来。拔剑击柱的不合时宜是情和礼的冲突的体现。人情有喜怒哀乐，然而如果不加节制地肆意宣泄，就会不合时宜甚至招致祸患。用礼仪来适当地规范节制性情是无可厚非的，正如朝堂是国家最高的权力场合，在朝堂上，君臣共议天下大事，关乎国家兴亡和百姓民生，应该做到庄严肃穆，叔孙通的朝廷礼仪使一国朝堂体现出了国家最高权力场所应有的庄重和威严，是非常值得肯定的。不过，这也是建立在对诸侯大臣们本性真情的强力压制，而对帝王价值情感的极度迎合基础上的，曾经兄弟般出生入死的深厚情谊，在赤裸裸的皇权面前，被礼仪的行止坐卧给隔离、屏蔽掉了。"是故叔孙通制定礼仪，拔剑争功之臣，奉礼拜伏，初骄倨而后逊顺，教威德，变易性也。不患性恶，患其不服圣教，自遇而以生祸也。"[1] 拔剑争功的大臣之所以能拜服脚下，向皇权屈服，是由于皇权至高无上，使他们不得不约束了自己的性情。这种以礼节情是对性情胁迫性的改造，与儒家缘情制礼、以仁释礼的主旨还是有一定差距的。

（三）矫情崇礼的影响

从叔孙通制定朝仪开始，礼对情的节制作用逐渐应用到实践中来。随着儒家礼制的渗透和情恶论的推广，很多人把正常的性情欲望视如洪水猛兽，避之唯恐不及。"人之于利，见而好之，能以仁义为节者，是性割其情也，性少情多，性不能割其情，则情独行为恶矣。"[2] 认为凡人、小人只求自己快乐，而君子能够控制人的情感，克制自己的私欲，这样的信念在士人头脑中日益根深蒂固，他们逐渐将能否克制自己的性

---

① 《论衡·率性》第18页。
② 《申鉴·杂言下》第23页。

情视作判定道德、修养高低的标准。思想观念带动社会风气，士人们纷纷以"明经行修""立德"为人生最高价值，节制欲望，治气养心，努力标榜君子。东汉后期"匹夫抗愤，处士横议，遂乃激扬名声，互相题拂"①，形成了臧否人伦、品评人物的清议之风，士人尤其清流之士或者为了在清议中博名，或者为了通过察举、征辟等方式被举荐，往往想方设法，通过各种途径或手段标新立异、博取美名，矫情崇礼之风日盛。

汉代儒家思想官学化的过程，从某一角度来说，也是人情日渐"恶"化、人情被等同人欲的过程，是一个自然生成的情感被逐渐理性化、制度化、伦理化的过程。情不再由心而发，心不再因情而动，社会上不再有至情至性的畅快潇洒，难再有敢作敢为的性情中人，而是在礼法的标榜下，多了规规矩矩的因循守旧，更多了矫揉造作的戚戚小人。正如弹簧被按压到极致会产生强烈的反弹一样，情感的过度压抑最终导致了士人的不满和叛逆，东汉末年，戴良在母丧期间依然喝酒吃肉，放言："礼所以制情佚也，情苟不佚，何礼之论？夫食旨不甘，故致毁容之实；若味不存口，食之可也。"② 到了魏晋时期，社会上更是兴起了一股"越礼任情"的风气，如刘伶狂言："我以天地为栋宇，屋室为裈衣，诸君何谓如我裈中。"③ 阮籍违背礼义"叔嫂不通问"④ 的规定，和嫂子"相见与别"，反问："礼岂为我辈设也？"⑤ 阮籍酒醉眠于美妇人之侧，不避嫌疑，他守母丧期间"食一蒸豚，饮二斗酒，然后临诀，直言'穷矣'，举声一号，因又吐血数升，毁瘠骨立，殆至灭性"⑥，在藐视世俗之礼的背后却藏着浓浓真情。这都是在极致的情感压抑后产生

---

① 《后汉书·党锢列传》第 2185 页。
② 《后汉书·戴良传》第 2773 页。
③ 《世说新语·任诞》［刘宋］刘义庆著，徐震堮校笺：《世说新语校笺》，北京：中华书局，1984 年，第 392 页。
④ 《礼记·曲礼》第 1240 页。
⑤ 《世说新语·任诞》第 393 页。
⑥ 《晋书·阮籍》第 1361 页。

的强烈的情感渴求，他们追求的是感情的自然宣泄，是不被外物所累、不被功利是非所困的真洒脱、真性情。正如宗白华先生所说："汉末魏晋六朝是中国政治上最混乱、社会上最苦痛的时代，然而却是精神史上极自由、极解放，最富于智慧、最浓于热情的一个时代"①，魏晋时期，人们情感世界的汪洋恣肆②是情礼关系的另一个极端体现，它和汉代矫情崇礼风气一样，都不是情礼交融的理想情态。

---

① 宗白华：《论"世说新语"和晋人的美》，《中国美学史论集》，合肥：安徽教育出版社，2006年，第123页。

② 这种对"情"的价值肯定体现各个方面，譬如文学创作方面，晋陆机提出了作诗应"缘情而绮靡"的主张，梁钟嵘提出"吟咏情性"说，刘勰提出"情者文之经"说等。

第五章

汉代情论的演变与特征

第一节　汉代情论的时代嬗变

一、从达道之情、王霸之情到修性之情

西汉初年，民生凋敝，百废待兴，摆在统治者眼前的当务之急是改善人民生活、稳定社会秩序，黄老之学顺势成为汉初的指导思想，它以无为而治为核心，主张休养生息，约法省禁，宽减刑政，倡导从民之情、顺人之欲。在这种社会背景下，《淮南子》的"适情论"正是体现了这种安顺处世的特征，《淮南子》倡导适情，认为"适情辞馀，无所诱惑，循性保真，无变于己，故曰为善易"①。提倡人要顺适情性，去除多余的欲求，从而抵挡住诱惑，做到循性保真；在处理情礼关系上，《淮南子》强调情感的适度，认为适情而制礼，以礼表情，做到内心情感和外在行为的一致平衡，才能体现礼的主旨；在法律层面，《淮南子》提出要宽减刑法，适心以制法，认为"法能杀不孝者，而不能使人为孔曾之行；法能刑窃盗者，而不能使人为伯夷之廉"②，制法要适合人心，通乎人情。而不容忽视的是，《淮南子》还创立了天、道、情

① 《淮南子·泛论训》第455页。
② 《淮南子·泰族训》第681页。

合一的情论体系，认为适情的理想状态是达到情与道、天的协调，三者
融会贯通，人就达到了至极的地步。其一，适而后安，性情达到最安适
的状态，形、神、气各自达到最适宜的状态，就达到了情和天的和谐。
其二，"原天命，治心术，理好憎，适情性，则治道通矣"①，情安适
了，治道也就通了。情、天、道达到了和谐互动。《淮南子》适情辞
馀、循性保真的"适情论"恰好为当时经济凋敝、民生匮乏下的人们
找到了一条情感自我宽慰之法，符合汉初人们渴望安宁顺适的社会
心理。

　　经过几十年的休养生息，到了汉武帝时期，社会一派繁荣景象，然
而盛世表象的背后暗流涌动，地方豪强、诸侯宗亲的势力日渐扩大，严
重威胁着中央集权，这时候迫切需要政治上的大一统加以整顿，而政治
上的大一统首先需要学术上的大一统。董仲舒的天道人情观应运而生，
他把天道和人情紧密结合起来，以天道附会人事，认为人道源于天道，
人的喜怒哀乐也是上天所赐，"天地之所生，谓之性情"②，"夫喜怒哀
乐之发……非人所能蓄也。"③ 性情是上天和大地的孕育，不是人为能
够蓄养的。董仲舒用自然现象比附人情表现，将人的形体、血气、德
行、好恶、喜怒、命运等，无论是物化的，还是精神的，都类比于天
道，为个人的情感世界充分创造了天道依据。此外，董仲舒又从性善情
恶的角度为霸王道杂之的理念做了铺垫，他认为天有阴有阳、性有善
端、情有恶端，因此，在治国方略上主张德主刑辅、礼法并用，"故刑
者德之辅，阴者阳之助也"④；"教，政之本也。狱，政之末也。"⑤ 教
化和惩治手段相结合，而君王受命于天，恰恰是这种王霸之道的执
行者。

　　到了东汉，谶纬之学大肆兴起，《白虎通义》承接董仲舒的天人合

---

① 《淮南子·诠言训》第 466 页。
② 《春秋繁露·深察名号》第 298 页。
③ 《春秋繁露·王道通三》第 330 页。
④ 《春秋繁露·天辨在人》第 336 页。
⑤ 《春秋繁露·精华》第 94 页。

一套路，它的情论也附着了神学气息，把人看作阴阳五行之气构成的情、性主体，给情贴上了先验性和神秘性的标签，对日常生活、人际伦常产生了重要影响。随着儒家正统地位的巩固，大多数学者对情的认知并没有陷入谶纬窠臼，而是转移到传统儒家修身齐家治国的套路上来，例如，从西汉后期的刘向开始，情论的着眼点就集中到了个人的修身养性上，这种趋势到了东汉更为明显，如王符注重礼对情的矫正，强调经由学习来节制喜怒，培养廉耻之心，增强自我反省和情志的锻炼。荀悦则提出了以礼化情论，提倡喜怒哀乐思虑都要适度，常怀仁德之心，保持心境平和，从而这到乐天通达和长寿，完成齐家治国的君子使命。

通过对汉代情论的考察，发现情的主旨从达道、王霸走向了修身养性，这恰好和时代的诉求深相契合，这种契合也体现了汉代情论不是和社会隔离、固守书斋的纯粹冥想，而是在每个历史发展阶段都打上不同的生活烙印。

二、从情之人文到礼之理性

秦朝暴政的恶果不仅在于赋役繁重、滥用民力造成的民生凋敝，更在于它用连坐、肉刑等构建了一个赭衣塞路、囹圄满市的恐怖社会氛围，在高度紧张的社会情境下，百姓日常生活压抑、冷漠，乃至"借父耰锄，虑有德色"①，人与人之间的情感关怀、家庭中的亲情温暖严重缺失。因此，汉朝建立后，汉朝统治者不得不正视这样一个渴求和平安定、向往安稳平顺生活的社会普遍心理，相继提出了与民休息、宽刑宥罪等政策和方针，这样的趋向也反映在时人的学术著作中，西汉思想家的情论就彰显了一种关怀民情的人文精神。

大体看来，西汉思想家对于情有种豁达宽容的态度，他们以客观的态度阐述情感，侧重个体的真实感受，具有一定人文关怀的意味，学者笔下的礼始终扎根情感。从礼的发生源来说，西汉思想家基本认为礼是

---

① 《汉书·贾谊传》第 2244 页。

因情而制的，如"缘人情而制礼"①，"礼者，体情制文者也"②，"礼因人情而为之节文"③，"是故先王本之情性，稽之度数，制之礼义"④等，虽然他们讲究情感的实用，但更讲求情感的适用，讲究节情，但更重视情的引导和安抚。如《淮南子》"适情说"和"文情理通论"，更重视情感本身的表达，重视以礼抚慰质朴之心，追求情感的终极真实。虽然董仲舒讲天道，但是也提出了"质文两备说"⑤和体情、安情论，认为对情的体察和安抚才是情礼关系的真正表现。此外，刘向提出了以礼养情论，主张用礼养护、引导情感。在他们眼中，情与礼并不是绝对对立、不可调和的，而是能够达到交融中的一致和平衡。因此，从认识论角度来看，西汉思想家对情礼关系的阐释不是冷冰冰的教条式的情感批判，而是体现了关心心灵体验、意图疏导抚慰情感的人文主义精神。

到了东汉，随着儒家思想官学化程度的加深，王充、王符、荀悦等学者的情论更加注重个人的道德成长，他们希望人们在现实生活中能摆脱情感的支配，用清醒理性的态度处世为人，因而更加强调礼对情的规范化作用，如王充说："君子则以礼防情，以义割欲。"⑥王符则强调礼对情的矫正，克制私情，荀悦重视礼的化情作用。从西汉的适情、体情、安情到东汉的防情、化情，情的道德培养功能逐渐被强化，而官方《白虎通义》的颁布和推行使得礼对情的理性控制功能越发凸显。《白虎通义》由天地、人情论述到君臣、父子、长幼和顺，用天地阴阳来比附人际关系，以血缘亲情为基础的伦理道德观念最终以国家纲领的形式确定下来，成为宗法社会的指导纲领。其构建的伦理宗法体系的根基不是人，而是天命；不是情感，而是天理，它借助天道阴阳，把礼对情的理性控制功能阐释得更加透彻明晰。

---

① 《史记·礼书》第 1157 页。
② 《淮南子·齐俗训》第 357 页。
③ 《淮南子·齐俗训》第 356 页。
④ 《说苑·修文》第 504 页。
⑤ 《春秋繁露·玉杯》第 27 页。
⑥ 《论衡·答佞》第 125 页。

最终，汉代思想家的情论从适情、体情、安情逐渐走向了化情、防情，进而抑情、灭情，正如李泽厚所说："所谓发乎情止乎礼，所谓以理节情，这也就使生活中和艺术中的情感经常处在自我压抑的状态中，不能充分地痛快地倾泄表达出来。"[①] 随着礼对情的理性控制功能越来越加强，情性越来越受到压制，东汉末期，社会上兴起了一股矫情崇礼的社会风气，这种风气一直演变到魏晋时期，矫情崇礼走向了对自身的否定，越礼任情之风反而盛行起来，此后，情和礼的交锋博弈一直延续下来，乃至若干年之后出现的宋明理学之辩可以说是发端于汉代思想家情礼关系的认知和社会实践。

第二节　汉代情论的特征

一、目标特征——道德实现

汉代思想家对情感的研究不可能从神经学、人体学上对于情感的发生、传导和反应等进行现代意义上的科学剖析。他们对情感的认识主要侧重在理论层面，这种理论意义上的探讨往往容易陷入纯粹的逻辑思辨过于抽象而脱离实际，然而，汉代思想家一直试图贴近社会生活，虽然他们也摆脱不了哲学思辨，但是这种哲学思辨很明显地直达一个目标，就是人在生活中的道德实现。

汉朝灭秦而代之，首先要做的就是论证汉代政权的正当性、合理性，有学者认为"汉高祖与秦始皇在论证自身政治合法性的逻辑上方法完全一致，他们都无一例外地建立在对敌人的道德谴责的前提上"[②]，

---

① 中国孔子基金会学术委员会编：《近四十年来孔子研究论文选编》，济南：齐鲁书社，1988 年，第 415 页。

② 雷戈：《皇帝对自身合法性的观念建构——后战国时代思想史的一个问题》，《晋阳学刊》，2004 年第 4 期，第 73 页。

例如，汉初陆贾、贾谊等大肆批判秦朝的暴虐导致的离心离德，希望汉代统治者能够吸取秦亡的教训，学习圣人"卑宫室而高道德"①，修仁义之德，创设出一个至德之世。对秦失德的批判意味着对汉代统治阶层崇高德行的要求和期许，随着汉代社会儒家思想渗透程度的加深，学者们对于情礼法关系的认知也越来越深，他们寄希望于以君子为代表的道德精英，能够通过情感培养塑造德性，发挥其道德模范的榜样作用，以达到维护宗族稳定、引领和规范社会的目的。

从总体上看，不管是有着道家或儒家倾向，还是博采众长的汉代思想家，基本上把人看作有精神追求以及附带善恶属性的个体，认为情感在个体道德的实现中是起着关键作用。如《淮南子》对人情的定义："人之情，思虑聪明喜怒也。"② 思虑聪明是德行的要求，人情不能通达明智，明辨是非，善听意见，就不能称之为德，理想的情感就应约束和塑造德行。刘向从君子修养的角度阐释情感，提出了一套以仁存心、以礼养情、以道制欲的道德品质塑造模式，重视通过内在的体验达到理想的道德目标。王充提出了"反情治性，近材成德"③ 的主张，王符则倡导"常恐惧修省，以德迎之"④，此外，还有荀悦的"四省其身，怒不乱德"⑤ 等，汉代思想家眼里的情感更多的是直接和社会道德规范捆绑在一起的主观体验和感受，亦即深层内敛的道德情感，希望通过培养道德情感，塑造出符合一定规范的道德范式。

汉代思想家对于情的善恶性质的探讨也十分热烈，善恶属性的判断使得情感的道德化趋向更加明显，因为善恶本身就是道德哲学的核心内容。善恶的性质是依靠社会公认的道德准则来衡量的，善的就是符合道

---

① 《新语·本行》第 143 页。
② 《淮南子·本经训》第 260 页
③ 《论衡·量知》第 134 页。
④ 《潜夫论·梦列》第 323 页。
⑤ 《申鉴·杂言下》第 25 页。

德规范的①，恶的就是道德范畴不容许的。道德是善恶的评判准则，而惩恶扬善也是道德的价值目标。汉代思想家特别重视这种道德上的善恶区分，除了天地、阴阳等，人性、情欲都被贴上善恶的标签，如《淮南子》的"喜怒"是"道之邪"说，董仲舒的性善情恶论，刘向的性不独善说等，荀悦的"性动是情、情不主恶"论等，最终目的都是希望用善恶之分改造人的情性，影响人的观念和行为，从而达到指导人生、规范社会的目的。随着儒家思想的深入发展，在情感道德化的趋势下，情感道德互动的张力越发紧张，即道德化的要求越明显，自然情感受到的约束就越强烈，情感和道德的冲突就越明显。譬如董仲舒提出的性善情恶论，将情逐渐"欲"化、"恶"化，这种论述被后世学者日益强化，乃至宋明理学提出了"存天理，灭人欲"的说法，情感和道德在人们的种种曲解、误读和演绎下，逐渐走向了两极对立。

二、路径特征——推己及人

汉代思想家强调通过情感塑造来培养理想的道德品格，这个过程是一个自律和推己及人的过程。自律就是针对自我的自觉性的约束，譬如孔子讲："我欲仁，斯仁至矣。"② "克己复礼为仁，……为仁由己，而由人乎哉？"③ 仁是要自己去求得的，"君子求诸己。"④ 要通过自身的反省和修炼，自觉自律地去培养节操，追寻真理，才能达到仁的境界。再如孟子讲："行有不得者皆反求诸己，其身正而天下归之。"⑤ 人只要将自身的善性挖掘，培养浩然之气，就能成就仁人君子。此外，儒家所推崇的慎独实际上就是自律的表现。与之相比，道家也讲究"我无为

---

① "善（good）……表示赞扬的最一般的形容词，他意指在很大或至少令人满意的程度上存在这样一些特性，这些特性或者本身值得赞美，或者对于某种目的来说有益"。（王海明：《伦理学原理》，北京：北京大学出版社，2005年，第26页。）
② 《论语·述而》第74页。
③ 《论语·颜渊》第123页。
④ 《论语·卫灵公》第166页。
⑤ 《孟子·离娄上》第290页。

而民自化；我好静而民自正；我无事而民自富；我无欲而民自朴"①。
道家的自律是通过精神境界的自我提升，达到对自然的体认和对素朴、
本真的追求。

　　自律的关键在于情感的自我约束，情感是意志的源泉，通过情感的
自律，能够深层次地改变内在的理念和认知，进而调整外在具体的行
为。儒家思想认为情感的自律是以法律、道德、礼仪等标准去规范自
己，首先体现在对原始情感的自控上，譬如"所谓修身，在正其心者。
心有所忿懥，则不得其正；有所恐惧，则不得其正；有所好乐，则不得
其正；有所忧患，则不得其正"②。愤怒、恐惧、欢乐和忧愁都是妨碍
修身的情感，不是说人要像木头一般没有喜怒哀乐，而是强调人要保持
心境淡泊，避免情绪大起大落和跌宕起伏。再进一步讲，因何而喜、因
何而忧，这也是体现着道德境界的，孔子讲："德之不修，学之不讲，
闻义不能徙，不善不能改，是吾忧也。"③ "君子忧道不忧贫。"④ 君子
的忧不是对于衣食住行的物质欲望的忧虑，而是对于德性、修身、义、
道的担忧，这是深层次的精神境界追求，再如曾参言："君子有三费，
饮食不在其中。君子有三乐，钟磬琴瑟不在其中……有亲可畏，有妇可
归，有子可遗，此一乐也；有亲可谏，有妇可去，有子可怒，此二乐
也；有君可谕，有友可助，此三乐也。"⑤ 君了之乐是在经过道德的修
习之后，高境界的道德之乐，而不是物质、本能所带来的世俗之乐。这
种精神世界的自律不是简单就能做到的，需要长时期的修习和熏陶。

　　汉代思想家非常重视通过自然情感的自律进行道德修炼，如刘向的
"喜不加易，怒不加难"⑥ 和"喜怒不当，是谓不明"⑦ 强调对外在情

---

①　《老子》五十七第 106 页。
②　《礼记·大学》第 1674 页。
③　《论语·述而》第 67 页。
④　《论语·卫灵公》第 168 页。
⑤　[春秋] 曾子著，贾庆超、郭德芳，朱锡禄主编：《曾子校释》，济南：山东大学出
　　版社，1993 年，第 110 页。
⑥　《说苑·谈丛》第 405 页。
⑦　《说苑·谈丛》第 391 页。

绪的收放自如；王充的"故夫学者所以反情治性"① 和"禁情割欲，勉厉为善"② 强调通过学习和激励手段对情绪的调节；王符言："夫君子闻善则劝乐而进，闻恶则循省而改尤，故安静而多福；小人闻善〔脱字〕，闻恶即慑惧而妄为，故狂躁而多祸。"③ "常恐惧修省，以德迎之。"④ 阐释了自我情绪控制的益处，认为情感的修养不仅是道德的必然要求，而且有益于身心健康，会带来福祉。荀悦言："喜怒哀乐思虑，必得其中。"⑤ "不以喜加赏，不以怒增刑。"⑥ "以爱憎为利害，不论其实。以喜怒为赏罚，不察其理。"⑦ 强调妄加喜怒对个人及社会的危害。此外，道家著作《淮南子》的"适情论"关注人的感受和体认，希望通过情感的调适达到真人境界，它对"循性保真，无变于己"⑧ 的追求是通过精神修炼达到的情感自律；它希望人能够"不以康为乐，不以慊为悲，不以贵为安，不以贱为危"⑨，这种对于"性命之情处其所安"⑩ 的追求也是以意志磨炼为手段的情感自律。可以看出，汉代思想家的情感自律更加突出个体的主动性。如"是故圣人求之于己，不以责下"⑪，"存亡祸福，其要在身"⑫，"得道于身，得誉于人"⑬ 等，希望通过自身主动性的修炼，完成情感的自律和个体人格的塑造。

　　情感自律的重要表现是推己及人。这个"己"是情感自律的自己，汉代思想家尤其倡导将善的、积极的情感倾注至天下万物，如《淮南

① 《论衡·量知》第 134 页。
② 《论衡·本性》第 31 页。
③ 《潜夫论·卜列》第 293 页。
④ 《潜夫论·梦列》第 323 页。
⑤ 《申鉴·俗嫌》第 14 页。
⑥ 《汉纪·孝元皇帝纪上》第 370 页。
⑦ 《汉纪·孝武皇帝纪》第 158 页。
⑧ 《淮南子·泛训论》第 455 页。
⑨ 《淮南子·原道训》第 39 页。
⑩ 《淮南子·原道训》第 39 页。
⑪ 《潜夫论·明忠》第 363 页。
⑫ 《说苑·敬慎》第 240 页。
⑬ 《说苑·谈从》第 399 页。

子》认为"仁者爱其类也"①，"内恕反情，心之所欲，其不加诸人，由近知远，由己知人，此仁智之所合而行也。"② 内恕就是心地宽厚，反情就是以己之情度他人之情。董仲舒认为"仁者憯怛爱人"③。刘向也讲："大仁者，恩及四海；小仁者，止于妻子。"④ 这是对孔子仁者爱人的进一步阐释，施仁应该是推广的、主动的行为。王符亦提出了类似的观点："吉凶祸福，与民共之，哀乐之情，恕以及人。"⑤ "夫仁者恕己以及人。"⑥ 这个推己及人的过程也是情感的转移和共情的过程。

弗洛伊德曾经提出了心理学上的移情观点，认为移情是"指在治疗中发生的一种典型情景（移情性神经症）。来访者开始以他或她自己的方式进行行动，而不是以与当前情景相符合的方式"⑦。汉代诸多学者如刘向、王符、荀悦等在情感阐释中都显露了这种移情的特点，和现代移情观念相比，汉代思想家的移情观念的主动性更加强烈，它要求人们自觉、主动地去体验和感受他人丰富的情感世界，并将这种体验落实为实际的关注和关怀。如刘向说："遇民如父母之爱子，兄之爱弟，闻其饥寒为之哀，见其劳苦为之悲。"⑧ "故其治天下也，如救溺人，见天下强陵弱，众暴寡；幼孤羸露，死伤系虏，不忍其然。"⑨ 王符说："视民如赤子，救祸如引手烂。"⑩ "是以圣王养民，爱之如子，忧之如家。"⑪ 都将百姓嗷嗷待哺的迫切状态描述得生动且感人。在他们看来，执政者通过这种移情达到感同身受，才能真正理解他人的处境，才能做

---

① 《淮南子·主术训》第 314 页。
② 《淮南子·主术训》第 314 页。
③ 《春秋繁露·必仁且智》第 258 页。
④ 《说苑·贵德》第 99 页。
⑤ 《潜夫论·救边》第 256 页。
⑥ 《潜夫论·边议》第 271 页。
⑦ ［英］坦塔姆著，施琪嘉译：《实用心理治疗与心理咨询》，北京：中国医药科技出版社，2010 年，第 247 页。
⑧ 《说苑·政理》第 150—151 页。
⑨ 《说苑·贵德》第 95 页。
⑩ 《潜夫论·救边》第 256 页。
⑪ 《潜夫论·救边》第 266 页。

到"圣王以天下为忧"①，"所禁于民者，不行于身"②，而不至于做出"肆情于身而绳欲于众"③ 的苛求。总之，汉代思想家希望人们能够通过对他人的情感觉察和体验，从而唤起自己的情感，进而将这种被唤起的情感又反馈、施用到他人他物中，这比对单纯的恻隐之心的强调更加深入和实际。这种传统意义上的移情阐释促进了道德观念的推广，使得仁、爱等不再局限于个人、家庭和宗族，而是涵盖天下万物。道德观念在移情的作用下被接纳和认同，成为固化稳定的情感认知，成为君子内在的修身之本。

三、范式特征——贤君明主

如前所述，汉代思想家希望通过情感培养形塑道德人格，而对道德模范的最高期许集中到了以君王为核心的统治阶层身上，认为"君人者，国之元"④，"天下国家一体也，君为元首，臣为股肱，民为手足"⑤。因此，他们寄希望于君王个人的情感境界的提升，认为君主不仅要像普通君子一样进行自我修习和完善，而且君主的喜怒哀乐要和国家社稷、百姓民生融为一体，做到忧百姓所忧，乐百姓所乐。如王符讲："吉凶祸福，与民共之，哀乐之情，恕以及人。"⑥ 认为君主应该和百姓共担忧愁，同享快乐。刘向认为："故善为国者，遇民如父母之爱子，兄之爱弟，闻其饥寒为之哀，见其劳苦为之悲。"⑦ 君王若能和百姓体验为一体，感同身受，就能像尧舜一样实现天下大治："河间献王曰：'尧存心于天下，加志于穷民，痛万姓之罹罪，忧众生之不遂

---

① 《申鉴·政体》第5页。
② 《淮南子·主术训》第297页。
③ 《申鉴·政体》第5页。
④ 《春秋繁露·立元神》第168页。
⑤ 《申鉴·政体》第4页。
⑥ 《潜夫论·救边》第256页。
⑦ 《说苑·政理》第150—151页。

也．'"① 荀悦更进一步说："圣王屈己以申天下之乐，凡主伸己以屈天下之忧。"② 认为圣明的君主会委屈自己，使百姓的快乐得以伸张。

君主的情感和国家社稷、百姓民生融为一体的前提就是君主要爱民如子，将百姓看作亲人子女一般，在亲情的驱动下，关心百姓疾苦，只有这样，内心才会随着百姓的感受而波动，才能做到家国一体。王符认为"是以圣王养民，爱之如子，忧之如家"③。荀悦甚至认为，爱民如子也不是仁的最高境界，"或曰：'爱民如子，仁之至乎？'曰：'未也．'曰：'爱民如身，仁之至乎？'曰：'未也，汤祷桑林，邴迁于绎，景祠于旱，可谓爱民矣'"④。只有像齐景公那样为了求雨而在阳光下暴晒三日的，才算是真正的爱护民众，才是真正的贤君。汉代思想家将百姓对贤君的渴望刻画得如同哺育嗷嗷待哺的婴儿一般迫切和紧急。如王符说："视民如赤子，救祸如引手烂。"⑤ 刘向说："仁人之德教也，诚恻隐于中，悃愊于内，不能已于其心；故其治天下也，如救溺人，见天下强陵弱，众暴寡；幼孤羸露，死伤系虏，不忍其然。"⑥ 治理天下不仅要在内心中时时有不忍的感觉，而且精神上要始终紧绷一根忧民爱民的弦，像拯救快要淹死的人一样刻不容缓。

汉代思想家对君王的期望并不是乌托邦式充满了不切实际的幻想，而是以客观和理性的态度认识到君王也有止常人的私情和私心，要达到理想化的标准是有一定难度的，如荀悦指出，"人主之患，常立于二难之间，在上而国家不治，难也，治国家则必勤身苦思，矫情以从道，难也"⑦。居王位而国家不治，这是一难。治国必须勤快、忧思，矫正性情去遵从正道，这又是一难。他们期待贤明的君主能够克制私欲、矫正

---

① 《说苑·君道》第5页。
② 《申鉴·政体》第5页。
③ 《潜夫论·救边》第266页。
④ 《申鉴·杂言上》第17—18页。
⑤ 《潜夫论·救边》第256页。
⑥ 《说苑·贵德》第95页。
⑦ 《申鉴·杂言上》第18页。

性情，发扬博大的爱民情怀，推广大爱，杜绝私心，做到"动以从义，不以纵情"[1]。为了增强其说服力，汉代思想家尤其推崇相与、知恩图报的信念，认为君主和百姓是相互报答的，圣主若能克制私情，使得百姓快乐，百姓也以圣主喜爱的事情作为报答。如荀悦认为"申天下之乐，故乐亦报之，屈天下之忧，故忧亦及之，天下之道也"[2]，"上以功惠绥民，下以财力奉上。是以上下相与"[3]，"君降其惠，民升其功。此无往不复，相报之义也。"[4] 如果圣王能够视民如子，百姓就会知恩图报："凡民之所以奉事上者，怀义恩也。"[5] 百姓感怀君王恩德，就会服从治理、侍奉君主。这是一种中国传统互利、"相与"、知恩图报的观念，是情感上的"礼尚往来"。

汉代思想家对君主情感的关注是因为君王是一国之首，"夫本末消息之争，皆在于君，非下民之所能移也。"[6] 他们希望通过君主的示范作用，为天下树立理想道德的范式，从而带动整个执政风气的转变，"众不可户说也，可举而示也。"[7] 此外，正如荀子所言："闻修身，未尝闻为国也。"[8] 通过君王的情感塑造，进而培养出理想的道德品质，这种道德品质被施用到治国方略中，就能够惠及天下苍生，这是汉代思想家眼中理想的帝王道德实现过程。

四、实践特征——引礼入法

情是礼和法的共同基础，是礼法交融的黏合剂，是引礼入法的润滑剂和催化剂。古代社会的引礼入法、以礼入法既是用道德去规范行为的道德实践，也是用法律去约束行为的法律实践，引礼入法的过程自汉代

---

① 《汉纪·孝昭皇帝纪》第 378 页。
② 《申鉴·政体》第 5 页
③ 《申鉴·政体》第 5 页。
④ 《申鉴·政体》第 4 页。
⑤ 《潜夫论·救边》第 267 页。
⑥ 《潜夫论·务本》第 23 页。
⑦ 《说苑·政理》第 147 页。
⑧ 《荀子·君道》第 234 页。

开始，到唐朝"一准乎礼"走向成熟，对中国古代"礼法社会"模式的形成有着重要影响。

在汉代之前，法律一贯以"一断于法"①为宗旨，执法量刑中"不知亲疏、远近、贵贱、美恶"②，不讲私情，一体适用，依靠冰冷的法律武器强制性地规范人们的行为。韩非认为"断割于法之外"是国家之"危道"③，商鞅认为"亲亲而爱私……以义教则民乱"④，国法不容私情，执法者应该"不为爱民枉法律"⑤，"不以亲戚危社稷"⑥。在法律面前，不能因为亲情伦理而罔顾法律，因此亲亲相隐是不容于法的，商鞅讲："夫妻交友不能相为弃恶盖非，而不害于亲，民人不能相为隐。"⑦鼓励人们"告奸"，提出"告奸者与斩敌首者同赏，匿奸者与降敌同罚"⑧的主张。

秦朝以法为教、以吏为师，网密于凝脂，刑法残酷，法律失去了顺应人情的内核，越来越体现出冷酷和机械性。从情感视域来看，秦法对人的性情不是培养和引导，而是赤裸裸的利用和控制，"法令烦憯，刑罚暴酷，……亲疏皆危"⑨，譬如通过连坐制度，将法律的震慑效用最大化，连坐制度是专门针对人情软肋、人性弱点所设计的刑罚，不但要严厉惩处犯罪者本人，还要对他的骨肉亲人施以惩罚，导致犯罪者不仅要承受酷刑的痛楚，还要忍受失去亲人的煎熬，饱受负疚自责的折磨，最终目的就是"累其心"，使人"不敢犯"⑩。由于秦法过于背离人性、罔顾人情伦理，日渐不得民心，"君臣乖乱，六亲殃戮，奸人并起，万

① 《史记·太史公自序》第 3291 页。
② 《管子·任法》第 911 页。
③ 《韩非子·安危》第 483 页。
④ 《商君书·开塞》第 80—81 页。
⑤ 《管子·法法》第 148 页。
⑥ 《管子·法法》第 153 页。
⑦ 《商君书·禁使》第 135 页。
⑧ 《史记·商君列传》第 2230 页。
⑨ 《汉书·晁错传》第 2296 页。
⑩ 《史记·孝文本纪》第 419 页。

民离叛"①，强大的秦国政权最终以摧枯拉朽之势被时代洪流所淹没，正是用严刑峻法摧残人性造成的恶果。

汉朝建立后，借用人情伦理调和、柔化了律法的严酷性，随着儒家思想官学化的推进，汉代思想家对情、性、心等问题的认知日渐加深，在引礼入法等司法实践的推动下，情、心等成为断案量刑的重要参考依据，官员在执法过程中崇尚感化人心，务求息讼、止讼，以刑不至君子、恤刑、不孝入律、亲亲相隐、春秋决狱等为代表的刑制改革将礼的精神渗透司法活动中。在这个过程中，情感起到了润滑剂和催化剂的作用，是情感打开了法律的缺口，弥补了法律的不足，以情感为基点，等级观念、忠、孝、三纲六纪等礼制规范和原则被注入律法精神当中，本是对抗性的礼与法逐渐交融互补起来。

其一，贾谊提出的"刑不至君子论"激发了人们对耻感的重视，其对人之常情的洞察和体谅得到了士人的认同。这种理论打破了"不别亲疏，不殊贵贱，一断于法"②的宗旨，明确了刑罚不再适用于社会全体，其后八议制度则意味着刑不至君子演化成为维护特权的纲领，礼的等级特性渗入法律原则中。其二，出于恻隐之心和对孝道的彰显，汉文帝进行了刑制改革，并把对老弱孤残的恤刑原则确立下来，此外，存留养亲、亲亲相隐、不孝入律等都表明礼义中的仁、孝等实质渗入法律精神，正如《礼记》记载："凡听五刑之讼，必原父子之亲，立君臣之义。"③ 这就打破了法不容情的特点，也化解了儒家对法律会造成"亲亲尊尊之恩绝矣"④的担忧。其三，经由春秋决狱和原情论罪，道德伦理成为法律的综合考量依据，法的惩治作用和礼的教化作用融合起来，礼的精神渗透司法实践中，经义成为司法断案的重要裁量依据，成为制法之法。

---

① 《治安策》第 192 页。
② 《汉书·司马迁传》第 2713 页。
③ 《礼记·王制》第 1343 页。
④ 《汉书·司马迁传》第 2713 页。

　　由此可见，汉代引礼入法的过程也是情感被日益重视的过程。在情感的内在调和及润滑作用下，刚性的法律被软化得更加符合人性需求，冰冷残酷的条文具备了亲和力和感染力。汉代的律法改革和司法实践缓和了自秦以来官府和百姓剑拔弩张的对立局面，有效缓解了社会矛盾，稳定了社会秩序。汉代拉开了引礼入法的序幕，其后，《唐律》发展为引礼入法的大成之作，礼义精神被成熟地运用到法律实践中，此后，礼在时代变革的洪流中逐年沉淀下来，成为社会公认的规范准则，在宋明理学的进一步改造下，逐渐演变成为一个"理"字，合情合理合法，成为直到近代仍旧被倡导的制法断案原则。

第六章

汉代情论的时代育人价值

第一节　至情至性：情感教育价值

"理性需要解毒，人类需要平衡。"① 当我们意识到理性至上主义的缺憾并试图从传统文化中寻找心灵依归时，会发现有别于宋明一代存天理、灭人欲的刻板偏狭，汉代社会对于人之性情、生命本真、品格塑造等方面有着深刻见解和独到认知，其背后体现的文化品格和人文精神至今仍旧具有穿越时空的无限魅力。

一、情之本体：从本真到理性

汉代思想家认为，人的七情六欲是个体存在的表征。"身之有性情，若天之有阴阳也。"② 人欲是符合自然本性的，"夫民有血气心知之性，而无喜怒哀乐之常"③，"嗜欲好恶者，所以悦心也。"④ 但同时提醒人们不能降格到禽兽一般一味放纵情欲，即"触情纵欲，谓之禽兽"⑤，而是运用道德礼法进行约束和节制，"待礼然后动，不苟触情，

---

① 李泽厚：《实用理性与乐感文化》，北京：三联书店，2005 年，第 173 页。
② 《春秋繁露·深察名号》第 299—300 页。
③ 《说苑·修文》第 503 页。
④ 《说苑·修文》第 481 页。
⑤ 《说苑·修文》第 479 页。

可谓贞矣"①，这是道德理性的充分体现，以性情为根本，既接纳了人情、欲的天然性，又昭示了人之为人、区别于动物本能的超越性，实现了情理交融意义上的逻辑契合，彰显了"理渗透于情、情理协调、合情合理和人际温暖"②。从这个维度来看，汉代社会关于性情、欲望、道德性的认知和表达，对于现代社会人们如何理解人之存在意义、如何提升生命质量，以及如何实现发展价值、社会价值在"生命活动"实践中的统一等都具有重要的理论研究价值和情感教育应用价值。

二、情之锻造：从认知到意志

汉代思想家认为"人欲之谓情，情非度制不节"③，因而要加强德性修养，从正心、诚意方面等进行个体人格塑造，最终达到内圣外王的境界。具体来说，在塑造方法上，倡导人的自省、自反，"是故圣人求之于己，不以责下"④，"存亡祸福，其要在身"⑤，"得道于身，得誉于人"⑥ 等。这种反求诸己是一种自我认识和自我发现，是对人的主体性、能动性的觉察和肯定。在塑造过程上则建构了一个从感性欲望的体认到道德情感、道德意志的培养这样一个系统性、能动性的实操过程，例如："情有利欲，性有仁也"⑦，"内恕反情"⑧，"不以康为乐，不以慊为悲，不以贵为安，不以贱为危"⑨，"性命之情处其所安"⑩ ……这既是一种积极寻求"反身而诚"的人生历练，也是一种对情感和谐、理想人格的高度期许，尽管此时不能明确提出现代意义上的知情意行的

---

① 张涛译注：《列女传译注》，济南：山东大学出版社，1990 年，第 118 页。
② 李泽厚：《实用理性与乐感文化》，北京：三联书店，2005 年，第 77 页。
③ 《汉书·董仲舒传》第 2515 页。
④ 《潜夫论·明忠》第 363 页。
⑤ 《说苑·敬慎》第 240 页。
⑥ 《说苑·谈从》第 399 页。
⑦ 《白虎通·性情》第 381 页。
⑧ 《淮南子·主术训》第 314 页。
⑨ 《淮南子·原道训》第 39 页。
⑩ 《淮南子·原道训》第 39 页。

概念，但是和现代心理健康学中的自我和谐（self congruence）认知有异曲同工之妙。

三、情之外延：从亲子到集体

汉代思想家进一步继承和发展了先秦儒家推己及人的理念，认为"大仁者，恩及四海；小仁者，止于妻子"①，"遇民如父母之爱子，兄之爱弟，闻其饥寒为之哀，见其劳苦为之悲"②，对百姓家国之仁义和情怀是以亲子自然生物情感为基点、向外自然而然地提升和扩展，"由近知远，由己知人"③。从血缘亲情之爱外扩至对他人、自然之爱、天下之爱，这是一个推己及人的过程，也是一个共情、移情的过程，这种情感的推演好比费孝通先生的"差序格局"论断："好像把一块石头丢在水面上所发生的一圈圈推出去的波纹。每个人都是他社会影响所推出去的圈子的中心。被圈子的波纹所推及的就发生联系。"④ 共情、移情的内在结构性逻辑是以血缘宗族为依托，在对个体情感的充分体察和唤起的基础上，实现了从亲子到他人、从个体到集体、从宗族到地方乃至人类社会的深切关怀，这是对人性逻辑、情理逻辑和社会发展逻辑的精准把握，在今天仍然闪耀着人本主义光辉。

第二节　礼生于情：礼仪教育价值

《诗经》有云："人而无仪，不死何为？"在汉代，礼不仅是一种针对个人的举止要求和行为准则，是一种家庭伦理、道德规范，更是重要的社会价值体系和国家管理制度。汉礼以周礼、秦仪为基础，"以最强

---

① 《说苑·贵德》第 99 页。
② 《说苑·政理》第 150—151 页。
③ 《淮南子·主术训》第 314 页。
④ 费孝通：《乡土中国 生育制度》，北京：北京大学出版社，1998 年，第 26 页。

劲的力量规范着中国人的生活行为、思维方式、是非观念，从而将中国文化建构成一种礼仪文化"①，可以说，是真正践行了荀子所说的"人无礼则不生，事无礼则不成，国无礼则不宁"，汉代礼仪制度的发展对后世产生了广泛而深远的影响。

一、缘情制礼、依性作仪

先秦思想家认为，礼的产生由人情而起，如先秦郭店楚简《语丛一》云："礼因人情而为之节文者也。"②《韩非子·解老》说："礼者，所以貌情也。"③ "为礼者，事通人之朴心者也。"④ 到了汉代，学者对情与礼关系的认知更加深入，明确表达出了礼缘情而制的看法，认为情是制礼的根本依据，如司马迁提出"缘人情而制礼，依人性而作仪"⑤。《淮南子》认为"礼者，体情制文者也"⑥。董仲舒认为"夫礼，体情而防乱者也"⑦。刘向指出"度人情而出节文，谓之有因，礼之大宗也"⑧。还有其他学者诸如王充所言："故原情性之极，礼为之防，乐为之节。"⑨ 王符所言："先王因人情喜怒之所不能已者，则为之立礼制而崇德让"等⑩，这些认识都强调礼由生活而来，从喜怒哀乐而生，不讲天道，不论鬼神，尤其董仲舒的"体情"之说，被后世视为有关情礼关系的真知灼见。有学者专门做出解读，例如，苏舆注曰："'体情'二字，最得作礼之意，学者不知此义，遂有以礼度为束缚，而迫性命之

---

① 张良才：《中国传统礼仪教育及其现代价值》，《齐鲁学刊》，2000 年第 4 期，第 100 页。
② 《语丛一》第 181 页。
③ 《韩非子·解老》第 331 页。
④ 《韩非子·解老》第 335 页。
⑤ 《史记·礼书》第 1157 页。
⑥ 《淮南子·齐俗训》第 357 页。
⑦ 《春秋繁露·天道施》第 469—470 页。
⑧ 《说苑·修文》第 493 页。
⑨ 《论衡·本性》第 29 页。
⑩ 《潜夫论·断讼》第 235 页。

情者矣。"① 可见，汉代大部分思想家论礼是以日常的生活情感为根本。相比上古时期由天神、鬼神崇拜、祭祀而产生的礼，确实体现了一种宝贵的人本意义上的价值属性。

二、礼形于外、德诚于中

礼蕴含着仁爱、礼让、宽恕、诚敬、亲和、有序等内在价值，只有将礼的内在价值通过外在仪则表现出来，礼仪才是诚挚美好的，人格才是完善的，这就是孔子说的"文质彬彬，然后君子"。这一点在汉代思想家那里得到了更为深入的剖析和阐释，譬如《淮南子》的"适情说"和"文情理通论"、董仲舒的"质文两备说"②、王充的"情礼相副"主张等都是呼吁感情的真实，强调内在情感与外在仪节的协调一致和融会贯通。另外，礼也是对人情的节制和约束，汉代思想家认为不能对情一味压制，而是要适度安抚、有节制地满足情感的需求。如《淮南子》的"体情论"、董仲舒的"安情论"、刘向的"养情观"以及荀悦以礼"化情"等主张都是希冀用礼去温和地节制和引导情感。在尊重人性本真、人的自然欲求的前提下，礼自然外化地呈现出来，理也顺其自然地渗透其中，继而实现情礼相通、情理相容。关于这一情礼命题，宋代张载提出了"礼以持性""知礼成性"的主张，就是对汉代认知基础上的进一步提炼和总结，充分把握这一命题的思想脉络并进行梳理总结，对于当前的礼仪文化建设、礼仪教育具有重要的理论价值和实践意义。

三、礼仪教化、温养人性

在汉代社会，人们以礼为内核和依托，其生活生产方式、伦理道德、社会制度等借以制度化、程式化和一体化，礼仪制度"成风化人"的教化之能日益凸显。礼从仪节规范上升到礼仪制度，从修身养性的个

---

① 《春秋繁露·天道施》第469页。
② 《春秋繁露·玉杯》第27页。

体原则演化为基层教化和社会控制的重要手段。"情非度制不节"①"莫不以教化为大务，……教化行而习俗美也"②，"此皆礼乐教化之功也"③。因为以人情为基础，人性本真能够顺其自然地接受礼仪伦常的引导和节制，自然情感能够恰如其分地受到社会道德情感的调适和规范，这样的过渡是真实自然、不矫揉造作的，这样的规范化也是无须粉饰和勉强的。然而，到了东汉后期，随着情恶论的日渐盛行，人们过于崇尚礼义为先，强调礼对人情欲望的压制，认为"顺情废礼者，则祸归之"④，社会逐渐蔓延出"矫情崇礼"的风气，一些人行为偏激、不近人情，刻意标榜礼制模范，逐渐走向了虚伪造作、急功近利、沽名钓誉的极端。汉代礼仪教化的经验和教训对于当前的礼仪文明建设亦具有重要的借鉴价值。

第三节　法融于情：法治教育价值

受理性至上的传统观念的长期影响，在法理学论域中，情感如同司法正义的绊脚石一般，情感和理性（法律）一直呈现的是二元对立的排斥关系。近年来，随着心理学、发展神经学、认知科学、人类学等理论学科的稳步发展，法律代表着纯粹理性这一定论越来越遭到学者们的质疑，与此同时，立法、司法活动中的情感价值得到越来越多学者的重视，有学者认为"法律的方方面面都体现着情感"⑤，"司法情感"（Judicial Emotions）是"不可避免"，甚至特定情况下应该"受到欢迎"⑥。

----

① 《汉书·董仲舒传》第 2515 页。
② 《汉书·董仲舒传》第 2503 页。
③ 《汉书·董仲舒传》第 2499 页。
④ 《后汉书·荀爽传》第 2055 页。
⑤ Susan B, "Bandes, Empathy, Narrative, and Victim Impact Statements", *University of Chicago Law Review*, Vol. 63, No. 2, 1996, pp. 361.
⑥ Irving R, "Kaufman. The Aantomy of Decision-making", *Fordham Law Review*, Vol. 53, 1984, pp. 16.

其实，将理性和情感对立起来"实为现代西方文明的特产，在其他地方和时代并不流行"①，追溯中国古代社会，在汉代儒家经义的完美构想中，情与法是具有本体逻辑关联的重要命题，围绕这个命题展开的思想论争和实践探索，对于当前的法治建设和法治教育具有重要的借鉴价值。

一、缘人性而制：法生于义的立法方针

在中国传统社会，情是立法的基础。商鞅说："法不察民之情而立之，则不成。"② 这里的"情"既指情状，也指人之性情好恶。汉代思想家有关这一命题的论述更为透彻深入，明确强调法从来源上要"从民之情""缘人性而制"，例如，《淮南子》认为制法务在适合人心，通乎人情，"法生于义，义生于众适，众适合于人心，此治之要也"③，执法之人要"明于天道，察于地理，通于人情"④，这样才能达到"从民之欲，而不扰乱，是以衣食滋殖，刑罚用稀"⑤ 的安定状态。晁错说："其为法令也，合于人情而后行之。"⑥ 立法的初衷是针对人性情好恶，是为了约束"任性"和预防犯罪，而不是为了坑害百姓，由此在具体条文设立上应酌情考量人的承受能力，不能强人所难，强制人们行不可为之事，否则会导致今天我们所说的法律"虚置"现象。例如，"法者，缘人性而制，非设罪以陷人也"⑦，"设必违之教，不量民力之未能，是招民于恶也，故谓之伤化，设必犯之法，不度民情之不堪，是陷民于罪也，故谓之害民。"⑧ 这些论述蕴含着丰富的人文主义精髓，对

---

① See Ferry Leonard, R. Kingston, and I. Ebrary, *Bringing the Passions back in: The Emotions in Political Philosophy*, British Columbia. UBC Press, 2008, pp. Foreword viii.
② 《商君书·壹言》第 63 页。
③ 《淮南子·主术训》第 296 页。
④ 《淮南子·泰族训》第 682—683 页。
⑤ 《汉书·食货志》第 1097 页。
⑥ 《汉书·晁错传》第 294 页。
⑦ 《盐铁论·刑德》第 393 页。
⑧ 《申鉴·时事》第 8—9 页。

于当前法治教育中以人为本、科学立法等价值取向的阐发具有重要的参考意义。

二、原情论罪：慎庶狱以昭人情的司法原则

汉代思想家倡导在具体断案中，要依据情理探究犯罪者的情志和动机，根据人情、事理等做出变通和赦免。如王符强调"原情论意，以救善人，非欲令兼纵恶逆以伤人也"①。荀悦认为生命可贵，人死不可复生，所以要做到原心，谨慎刑罚，以哀矜之心体恤民情："惟慎庶狱以昭人情。……情讯以宽之，朝市以共之，矜哀以恤之，刑斯断，乐不举，慎之至也。刑哉刑哉，其慎矣夫。"② 有学者则从揣度人之常情、换位思考的角度试图理解犯罪者的情志，如董仲舒讲："他人有心，予忖度之。"③ 提出了原情论罪说。在今天，情感在司法中的作用和影响已经得到了很多学者的重视，例如，大部分学者认为法官实际上无法在审判中完全摒弃情感的影响，"极力追求排除情感反应的判决，将会是肤浅、刻板甚至不负责任的。"④ "不论司法人员是否承认，情感事实上都参与了司法裁判过程。"⑤ 由此可见，立足当下人情社会下有温度地公正司法这一现实挑战，汉代在法治理论认知和司法实践当中对于犯罪情出、情志、执法者情绪、主观意愿、伦理道德、人之常情的考量，以及对于哀矜之心、敬畏生命的倡导等都值得我们继续深入挖掘和研究。

三、必因人情：引礼入法的治理实践

孔子认为"道之以德，齐之以礼"能使百姓"有耻且格"⑥，礼的

---

① 《潜夫论·述赦》第 196 页。
② 《申鉴·政体》第 3 页。
③ 《春秋繁露·玉杯》第 41 页。
④ Kathryn Abrams, Hila Keren, "Who's Afraid of Law and the Emotions?", *Minnesota Law Review*, Vol. 94, 2010, pp. 2004.
⑤ Kathryn Abrams, Hila Keren, "Who's Afraid of Law and the Emotions?", *Minnesota Law Review*, Vol. 94, 2010, pp. 2004.
⑥ 《论语·为政》第 12 页。

教育能使老百姓懂得廉耻而不去犯罪；只要制得礼乐，用教化手段去感化人心，最终人人皆可为尧舜，都可"将以教民平好恶而反人道之正"①。法家思想家如韩非则认为："凡治天下，必因人情。人情者有好恶，故赏罚可用。赏罚可用则禁令可立而治道具矣。"② 两种教化和治理方向实际上皆是基于人情好恶，正是有着共同的考量人之情性的情感因子，礼的约束引导功能才能和法的震慑惩治功能相得益彰，引礼入法才能从理论迈向实践。在汉代社会，情感是礼法交融的催化剂和润滑剂，在情感因素的居中均衡作用下，礼的精神和实质渗透法律原则当中，引礼入法成为可能。习近平总书记讲："我国古代主张民惟邦本、政得其民，礼法合治，德主刑辅……这些都能给人们以重要启示。"③汉代是引礼入法的开创时期，德主刑辅成为治国方略，外儒内法成为施政方针，在"以礼移民心于隐微，以法彰善行于明显"④ 的道路上艰难探索，探索过程中以情感为基础的礼法合治的思想和实践亦是今天法治教育的一个重要内容。

四、悔过之心：痛其祸而悔其行的行为防治

近年来，西方一些法学家"提议培养道德情感，如负罪感、悔过、原谅等，来实现特定的社会目标"⑤。其实，追溯中国古代社会，我们能在两千多年前的汉代找到类似的思维印记和实践理路。在汉代思想家眼中，法律应该以服其心为上，通过情感的培养达到人人向善的目标："夫立法之大要，必令善人劝其德而乐其政，邪人痛其祸而悔其行。"⑥希望善人能够从仁德中受到鼓励，邪恶之人能够对惹下的灾祸感到痛苦

---

① 《礼记·乐记》第 1528 页。

② 《韩非子·八经》第 996 页。

③ 《习近平在中共中央政治局第十八次集体学习时强调牢记历史经验教训历史警示为国家治理能力现代化提供有益借鉴》，《人民日报》，2014 年 10 月 14 日。

④ 张晋藩：《论礼——中国法文化的核心》，《政法论坛》，1995 年第 3 期，第 77 页。

⑤ 李柏杨：《情感，不再无处安放——法律与情感研究发展综述》，《环球法律评论》，2016 年第 9 期，第 169 页。

⑥ 《潜夫论·断讼》第 236 页。

和悔恨，而要达到这个目的，就要抑制内心的妄动，从根本上约束和引导情感："制之者则心也，动而抑之，行而止之，与上同性也，行而弗止，远而弗近。与下同终也。"① 关键要做到把握内心，有妄动的念头马上加以抑制，避免沿着错误的道路越走越远。这种"绝恶于未萌"、反对"不教而诛"、注重以道德加强内心建设的做法，对于当前全民守法目标的实现具有重要的参考作用。

① 《申鉴·杂言下》第24页。

第七章

情感视域下的当代德育困境

第一节　情感教育的现实困境

情感教育是"教育者依据一定的教育教学要求，通过相应的教学活动，促使学生的情感领域发生积极变化，产生新的情感，形成新的情感品质的过程"[①]。受"唯理智主义"的影响，情感问题长期被视为一种工具理性意义的存在，学校情感教育弱化甚至缺失，教育主体对学生的情绪、情感状态缺乏充分的关注，对关涉学生身体、智力、道德、审美、精神成长的情绪与情感品质缺乏科学引导和正向培育[②]，当下的情感教育面临较多现实困境。

一、工具性的教学理念

近代以来，救亡图存一直是国家民族发展的主题，理性、科学成为

[①]　张志勇：《情感教育论》，北京：北京师范大学出版社，1995年，第74页。

[②]　有人认为"我们国家缺乏三种教育：性教育、爱教育、死亡教育。而这三种教育分别对应的是身体完整、灵魂丰沛、生命价值。从小到大的认知体系里，没有任何一个人会给我讨论这些话题，大家都觉得这是羞愧的、丑陋的、肮脏的、消极的。"该文在新浪微博流传甚广，得到大众广泛转发和评论，或多或少地说明了目前情感教育存在争议或效果不显。文中提到的三种教育，其实都和人的性、情即情感问题密切相关。

治病良药和救国良方，学生教育更加重视知识技能的教学，希冀培养出更多的专门性建设人才，达到富国强兵的目的。即使偶然出现过"一切为了孩子、为了孩子的一切"等教育口号，实际上情感教育并未真正进入主流教育视野。除了现实社会发展因素，情感教育不显也跟教育理念的局限性密切相关，例如，西方传统哲学领域很长一段时间以科学、理性为尊，情感、意志、欲望等被视作和理性相对立的模糊因素，在教育研究领域，情至多被归结为艺术、诗学、美学、宗教主题，很少被作为单独的科学来研究，这些因素都对中国的教育理念产生着较大影响。长期以来，我们在教育目标上侧重知识、技能、语言、逻辑、推理的传播和提升，在教育方法上重知识、轻表达，重程式、轻情感，教育宗旨是为万事万物如何为人提供服务而去寻找可能性，这种倾向也体现在本该是情感教育主阵地的德育领域中。中国情感教育理论的奠基人朱小蔓认为，在过去很长一段时间内，"那种概念化、浅表化、教条化的德育，由于不重视人的生命的内在情感，主要靠外部的知识灌输和行为规约，其实效果很有限。"[①] 理性主义过度生长，人格被工具化，工具理性和科技理性成为最重要的教育方向和主流教育价值观，情感教育的发展受到很大限制。

二、被挤压的教育空间

除了教育理念上受工具性倾向的影响，情感教育本身的问题和难度也导致情感教育的实践空间被极度压缩。即使在重建精神世界、寻找精神家园成为生活重要命题的今天，情感教育的意义和价值始终无法充分彰显。一是情感教育本身涉及社会学、心理学、哲学、伦理学等多种学科，对教学研究、教育实践还是教师素质都提出了较高要求。二是情感教育具有内隐性特质，教育方式润物无声，教育效果潜移默化，教育结果无法量化形化，跟踪反馈难、效用评估更难。三是情感教育必须兼顾

---

① 施瑞婷：《情感体制视域下情感社会化话语的嬗变——基于一个情感教育栏目的研究》，南京大学 2018 年博士论文，第 13 页。

个体差异性，而个体情感因素受到成长环境、个体经历、社会环境的多重影响，开展差异性、针对性的情感教育不外乎是一项复杂的系统工程，此外，情感发展变化具有缓慢性、反复性特征，最终教育成效的呈现相对滞后。受上述种种因素的叠加影响，长期以来，情感教育被搁置、漠视和冷落，让位于更具现实操作性、价值目标更外显、更有助于学生升学就业的"唯理智主义"教育自然成为现实教育领域的教育常态。

三、唯效用论的教学实践

值得关注的是，近年来，已经有越来越多的人意识到了情感教育的重要性，很多高校相继开设幸福类、心理健康类课程，各种学术类著作如《关怀德育论》《幸福教育论》等相继问世，"教育与情感文明建设"也成为学术研究的重要课题，市场上各类心灵关怀、精神抚慰作品更是畅销不衰。然而，目前的情感教育发展在很大程度上仍然停留在功利化应用的初始阶段，很多人并没有把情感教育本身看作教育的有机组成部分，而是将情感教育庸俗化为促进学生成长的一种手段或工具，例如，"快乐教育""愉快教学""成功教学"等，虽然这些教育理念具有一定的科学性，但在教学实践上往往将情感培育作为增强学生认知服务、实现知识教育的手段和装饰，把陶冶情操、塑造品格、提升心理素质视作提升教学效率的手段，这是唯效用论、结果论的体现，从根本上并不能真正发挥和彰显情感教育的真正价值。近年来，越来越多的青年学生存在焦虑、迷茫、抑郁、空虚等心理健康问题，抑郁症已经成为影响青年身心健康的隐形杀手，因此，如何正确认识情感教育的本质和价值、为青年学生找到治愈良方和心灵安顿的家园，如何从功利性应用转向价值性应用、最大化提升情感教育效果，如何基于中国国情、吸取传统文化中的情论精华并创造性地融入当下情感教育当中，成为摆在情感教育研究者和实践者面前的重要课题。

第二节　礼仪教育的现实困境

"礼者，所以正身也。"① 礼和教育相结合，就产生了礼仪教育，其教育本质是希冀学生"拥有成'人'的基础""建立德性的根基"②。近年来，虽然礼仪教育已经得到了有关部门的高度重视，但在实践层面，礼仪教育尚缺乏较为明确的教育理念、完备的教育体系和清晰的教育目标，礼仪教育在整体性、协作性、系统性、持续性上较为薄弱，存在一些不容忽视的现实困境。

一、建构困境：无法缘情而制

文化和价值观的多元化不可避免地带来礼仪文化的多样化，也不可避免地带来礼仪制定和规范的选择困境。改革开放以来，礼仪文化发展徘徊在传统与现代、东方与西方、先进与落后、地域与民族之间，既无法把握西方礼仪的内核，也难以汲取传统礼仪文化的精髓，陷入无礼可立、不知如何立的困惑和窘境。尽管市场上充斥着各种公关礼仪、酒店礼仪、旅游礼仪、面试礼仪、交际礼仪等书籍，相关系列讲座以及学校研修课程也是铺天盖地，实际在内容上中西杂糅，水平参差不齐，很多作品直接将西方礼仪照抄照搬，既不符合人们的生活习惯，也不符合国人的交际习俗，一些礼仪程式不伦不类，随意性、形式化明显。例如成人礼，迄今为止，尚没有公认的较为权威、令人信服的仪则程式出台。从表面上看，这些问题是文化的多样性和差异性造成的，从根本上则体现了礼如何缘情而制，即人的情感、心性及其形塑的行为举止如何和社会发展相融通的命题。近年来，传统文化实现"两创"式发展的呼声

① 王先谦：《荀子集解（修身篇）》，上海：上海书店出版社，1986年，第20页。
② 高媛媛、郭淑新：《社会学视角下的大学礼仪教育新探》，《江淮论坛》，2015年第2期，第189页。

越来越热烈，如何继承传统礼仪文明，汲取汉代缘情制礼、依性作仪的礼制精髓，制定和发展契合新时代发展、体现中国特色的礼仪文化成为摆在人们面前的重要课题。

二、践行困境：不能因情而动

礼仪的践行要以情感为基础，以内心认同为根本，礼仪的内涵和形式相融汇，才能真正呈现礼仪之美。一方面，礼的内涵是情感向度，建立在内心的真正价值认同的基础上，外显为表情、情绪和态度；另一方面，礼的形式是行为向度，建立在坐立行走、迎送往来等具体的仪则基础上，外显为举止、动作、仪态等。例如相见礼、礼尚往来等仪俗皆是主体自尊、尊重人格的体现，是在情感互动的基础上向外传递出谦和、友善、和谐等信号。值得注意的是，多年来，礼仪教育似乎缺乏"'情'与'意'的培养"[1]，要么只谈空泛的理论和道理，缺乏实操支撑，要么过于重视行为进退举止，以庞杂烦琐的程序来标榜复古，忽视内涵的现代性阐释和本质提升，导致人们知礼而不认同、有礼而不能用、"达礼"却无"真情"，礼仪的践行成为没有灵魂的形式，这样的礼仪文化教育非但起不到涵养内在品格、锻造意志的作用，反而走向了实用主义和功利主义的极端。曾有调查机构调查显示，"当代大学生的礼仪价值观过于偏重自我与实用"[2]，一些青年学生出于评优评先、就业应聘等功利化、实用性动机而去践行礼仪，对礼仪的认知也只停留在领带如何打、鞠躬多少度、握手停留几秒等表象，根本不能领悟和认同礼的内涵和本质，也无法通过礼仪锻造心理品质、建立个体、自我和外部世界的和谐联结。

---

① 金东海、关琳：《学校礼仪教育传承的实践困境与破解路径》，《教学与管理》，2014年第11期，第1页。

② 彭秀兰：《多元文化视阈下的大学生礼仪教育》，《黑龙江高教研究》，2012年第7期，第182页。

三、推广困境：未能日用而不觉

礼仪教育是一项长期工程，需要社会大环境的氛围烘托和长期滋养，然而，当下礼仪实践和推广局限于课堂、酒桌、求职应聘、舞台等特殊文化场所或个别活动场景，面临着短时性、实用性、功利性、表演性等局限。例如，很多家庭教育注重培养孩子的酒桌礼仪、餐桌文化，但很多家长忽视了其中蕴含的诚敬、礼让之情的培养，而是停留在如何入座、如何带酒、敬酒等技艺层面，培养的目的也不是提升人格素养，而是子女将来能"吃得开"，给人留下知书达礼的好印象，期冀获得人脉等社会资源。一些人对待陌生人礼仪周到、曲意逢迎，吉祥话、奉承话脱口而出，对待自己的亲人却言语粗暴，缺乏最起码的尊重。一些看似彬彬有礼之人却经常在网络上肆无忌惮地进行言语攻击、使用网络暴力，这些现象屡见不鲜。社会生活中，如果人们知礼、行礼、守礼也是为了获得短平快的实际效用，礼和仪相分离、仪与情相割裂，就很难达到日用而不自知、日用而不自觉的礼仪育人目的。反之，种种不良倾向日积月累，就会加剧自我背离式的实践困境，即越是重视礼仪教育，越是强化表演形式，越是造成虚有其表的假象，越是得不到大众的认同。

第三节　法治教育的现实困境

法治教育是"最基本的道德教育"①。党的二十大报告指出，要"引导全体人民做社会主义法治的忠实崇尚者、自觉遵守者、坚定捍卫者"，"深入开展法治宣传教育，增强全民法治观念"。要实现这样的宏伟目标，需要我们立足情感基点，从情感维度深入探究当前法治教育面临的挑战和困境。

---

① 宣璐、余玉花：《五大发展理念下高校法治教育困境之破解》，《广西社会科学》，2017年第2期，第213页。

一、信仰薄弱背后的情感缺失

目前，我国学校的法治教育从属于思想政治教育课程体系，例如，高校《思想道德与法治》必修课程就是法治教育的主要阵地，一些高校也开设法治类的辅修课程。从总体上看，这些法治教育课程的定位较为模糊，角色边界、教育特色不够明显，再加上长期的应试教育和"灌输式"教学的惯性难以彻底扭转，法治教育在很大程度上侧重知识点的讲解和零散案例的条文分析，而忽视了法治信仰、理念、思维、价值的培育，部分青年学生法律情感缺失。法律情感是指"人们根据现实的法律制度是否能够满足其自身物质和精神需要而产生的肯定或否定的心理反应"[1]。法律情感的获得需要以实践生活为依托，但实际上，除了法律专业的学生之外，大部分学生"缺失情感性和情境性的体验"[2]，浸润式、互动式的法治体验不足，学和用、知和行的环节脱离。部分青年学生生活阅历简单朴素，法治生活体验少，也缺乏辩证逻辑分析锻炼，一旦看到一些司法腐败事件，就容易对法律的公正性和权威性产生怀疑，有的青年学生则把法律看成一种枷锁和负担，无法从内心产生对法律的敬畏和认同。"法律必须被信仰，否则它将形同虚设"[3]，法律信仰薄弱的背后隐藏着法律情感缺失、共情能力薄弱等不容忽视的问题。

二、情法互嵌中的现实反差

目前，我国处于全面依法治国的现代化进程中，然而，人情社会和

---

① 李金忠：《法律情感、法律认知、法律理念——当代大学生法律意识培养三部曲》，《中国成人教育》，2012 年第 11 期，第 54 页。

② 蒋玉娟：《高校大学生法治教育面临的困境与对策》，《学校党建与思想教育》，2017 年第 5 期，81 页。

③ ［美］哈罗德·J. 伯尔曼著，梁治平译：《法律与宗教》，北京：三联书店，1991 年，第 28 页。

法治社会的"局部互嵌与重叠"① 仍旧存在，一方面，以私情为核心的人治社会痕迹在某些领域较为明显。私情泛滥就会导致泛伦理化思维的流行，伦理"在社会思维场域中占据了主导地位"②，人情凌驾法律之上，人情考量成为徇私的借口。在一些案件中，一些人或是用人情干扰司法，以私德为标准衡量司法公正，一些公职人员也被息讼、无讼的理想追求所桎梏，打着和谐、维稳的旗号，劝说人们放弃正当合法权益的诉求。另一方面，将法治和道德伦理、情感盲目对立起来的认知广泛存在，一些人把情感因素看成法律公平的绊脚石，是法律正义的天敌，"认为在法治教育中谈道德就是回到了人治。"③ 在一些案件审判过程中缺乏适当的情理考量，判决过于严苛，忽视案件背后的情感逻辑而不能服众。青年学生成长在情法互嵌的复杂性现实环境中，缺乏稳定的认同标尺，往往会纠结、困惑于课堂理论和社会现实的强烈反差之中，在现实面前手足无措，无法真正实现法治信仰的内化于心、外化于行。

---

① 汪波、赵腾：《基层治理体系中移风易俗改革的梗阻与对策》，《行政管理改革》，2022 年第 8 期，第 75 页。
② 蒋玉娟：《高校大学生法治教育面临的困境与对策》，《学校党建与思想教育》，2017 年第 5 期，第 80 页。
③ 宣璐、余玉花：《五大发展理念下高校法治教育困境之破解》，《广西社会科学》，2017 年第 2 期，第 213 页。

第八章

汉代情论精华融入当代德育的践行路径

第一节　情暖隆德：融入情感教育

党的二十大报告指出，要"落实立德树人根本任务，培养德智体美劳全面发展的社会主义建设者和接班人"[1]，德智体美劳全面发展一直是我们人才培育的核心理念，如果把贯穿其中的情感教育抽离，德智体美劳的"五育"就变成了"毫无生命力的知识传递与继承的过程"[2]。从某种程度上说，情感教育更是一种教育方向、理念或方法，是一种人生境界的陶冶，"它更看重自律意味的生命体征，而不是他律方式的谆谆说教"[3]，立足当代青年学生的情感问题现状，汲取传统文化尤其汉代情论的精髓，科学发展情感教育，不妨从以下几个方面着手：

一、融情于教、以情优教：从传统中汲取

长期以来，无论是家庭教育、学校教育，还是教研活动，对于性、

---

[1]　本书编写组：《党的二十大报告学习辅导百问》，北京：党建读物出版社、学习出版社，2022年，第26页。

[2]　严明：《情感教育：梳理与反思》，《教育探索》，2015年第1期，第103页。

[3]　严明：《情感教育：梳理与反思》，《教育探索》，2015年第1期，第103页。

情、爱情、死亡等话题往往语焉不详，有时甚至避之唯恐不及，实际上，爬梳传统典籍就会发现，在两千年前的两汉时期，这些主题早已进入思想家的讨论视野，且涌现出富有创见的经典论断，例如"情者，人之欲也"①，"喜怒不当，是谓不明"②，"凡人之有喜怒也，有求得与不得"③，"虽矫情而获百利兮，复不如正心而归一善。"④ 汉代思想家关于性情、情绪、美、人格、意志等的相关论述和实践探索，对于如何实现教育理念的主体性复归具有很高的参考价值，启示我们情感教育务必做到融情于教、以情优教，以内在情理为结构，以完善人格为表征，以追求生命美好为教育旨归，最终实现理念、知识、技能、情感等教育实践活动的融通和统一。例如，在教育过程上，不妨以"乐情、冶情、融情"为"教学情感原则"⑤，设置情感体验、情感自控、情感互动等情感教育方式或环节，充分让学生感受到情感教育这一"创造激情和享受情感的统一"⑥ 的过程。在教育内容上，汲取传统精华，发展多维面向：一是个体情感面向，例如对生命的热爱、情绪调节、获取自尊、审美、幸福感、获得感等；二是社会情感面向，例如家国情怀、国家民族认同感、集体荣誉感和责任感、公共事务正义感、共情感等；三是自然情感面向，例如对自然美的感知、生态感等；四是人类情感面向，例如立足人类视野，培养对人类社会生存的关切、建构人类命运共同体埋念等。

二、以情导行、以行育情：在实践中体察

汉代思想家刘向认为"既知之，患其不能行也"，扬雄曾言"行重

---

① 《汉书·董仲舒传》第 2501 页。
② 《说苑·谈从》第 391 页。
③ 《论衡·祭意》第 275 页。
④ 董仲舒《士不遇赋》，引自何香久主编：《中国历代名家散文大系·先秦·秦汉卷》，北京：人民日报出版社，1999 年，第 591 页。
⑤ 卢家楣：《情感教学心理学研究》，《心理科学》，2012 年第 3 期，第 525 页。
⑥ 严明：《情感教育：梳理与反思》，《教育探索》，2015 年第 1 期，第 104 页。

则有德"。这些论断都告诉我们情感教育只有在社会道德生活实践中，才能成功进行个性心理基质的塑造。首先，需要我们在教学空间上，通过创设学习情境拓展教学空间，将情感教育贯通各个学科，进行真善美的通感培养和核心价值观的教育融入，实现教学空间的延伸和拓展。例如在人文教学中，可以通过文学、史学作品引导学生对于人情世故、人间冷暖进行体认感知；在数理逻辑教学中，注重学生严谨、理性、坚韧科学精神的养成；在学科实验中，强化学生攻坚克难的心性塑造；在音体美技能教学基础上强化情感体验和情感共鸣等。其次，在教学环节上，可以按照情绪—情致—情愫—情操等步骤培育道德情感，通过"诱发—陶冶—激励—调控"① 四个环节展开，实现"情境教学到情境教育再到情境课程的跨越式发展"②。最后，在教学手段上，可以借助VR、AR技术，建设"情思课堂"，增强交互式、沉浸式的多感官体验，延伸受教育者的想象空间，此外，也可以通过开展各类校园活动，如校园"暖冬"志愿感恩行动、校园诗会"诗性教育"等，引导学生实现自我情感体察和道德践履的相辅相成，促进人格养成。

三、寓德于情、立德树人：于理想中升华

正如汉代刘向所言："高山仰止，景行行止，力虽不能，心必务为。"③ 汉代思想家们认为只有养成君子人格，才能做到"内圣外王"，最终实现"恩济四海"的"大仁"。近代民主主义教育之父黄炎培认为"仅仅教学生职业，而于精神的陶冶全不注意，把一种很好的教育变成器械的教育，一些儿没有自动的习惯和共同生活的修养。这种教育，顶好的结果，不过造成一种改良的艺徒，决不能造成良善的公民"④。情感教育的终极目的是塑造心性和培养健全人格，当代青年学生只有具备

① 卢家楣：《情感教学心理学研究》，《心理科学》，2012年第3期，第522—527页。
② 马多秀：《情感教育研究的回顾与展望》，《教育研究》，2017年第1期，第56页。
③ 《说苑·谈从》第393—394页。
④ 田正平、李笑贤编：《黄炎培教育论著选》，北京：人民教育出版社，2018年，第240页。

独立健全的人格，继而树立坚定的信仰，才能成长为社会主义合格的建设者和接班人。"人们的道德信念是融入情感的，抽去情感的根基，道德信念的大厦是会倒塌的。"① 由此可见，情感教育是理想信念锻造的重要基础，而理想信念的锻造是对情感教育的进一步升华。情感教育不仅要通过人格培养和性情塑造，让青年学生获得心灵慰藉，而且能够通过政治情感的陶冶和社会学品质的塑造，让青年学生养成符合中国时代特质的价值观念和行为标准，树立中国特色社会主义共同理想和共产主义远大理想。由此，情感教育要寓德于情、立德树人，引导新时代青年在民族复兴的伟大实践中进行自我身份的确认，牢固树立理想信念，真正实现人的自由而全面的发展。

第二节　通情达"礼"：融入礼仪教育

"礼仪是宣示价值观、教化人民的有效方式。"② 针对礼仪教育面临的现实困境，需要我们从建构、实践、推广等维度汲取汉代情礼之论的思想精华，做好新时代的礼仪教育工作。

一、缘情制礼：建构中的守正创新

习近平总书记指出："要建立和规范一些礼仪制度，组织开展形式多样的纪念庆典活动，传播主流价值，增强人们的认同感和归属感。"③ 在礼仪制度建设方面，除了要和新时代、大环境交相呼应，也需要我们做好传统礼仪文化的传承，积极汲取"缘人情而制礼，依人性而作仪"④ 的传统礼仪文化思想精髓，一方面要在传承的基础上守正创新，

① 刘晓伟：《必须重视情感教育》，《浙江日报》，2000 年 03 月 22 日。
② 中共中央文献研究室：《习近平关于社会主义文化建设的论述摘编》，北京：中央文献出版社，2017 年，第 110 页。
③ 习近平：《习近平谈治国理政（第一卷）》，北京：外文出版社，2018 年，第 165 页。
④ 《史记·礼书》第 1157 页。

深入挖掘传统礼仪文化的精神、气质、内蕴，并赋予其新时代价值意义，拓展礼仪文化的内涵，拓宽礼仪文化的视野；另一方面，要在厚植文化自信的基础上广纳百川，理性看待中西礼仪文明之间的关系，提炼契合新时代发展的仪式程序为我所用。党的十八大以来，政治仪式制度建设供给不断，如举行国家公祭日纪念仪式、实施宪法宣誓制度、为宣誓仪式制作五件套规范法器、为国家公祭日设置国家公祭鼎等。这里面既有传统礼仪文化的继承发展，也有对他国礼仪文明的吸收改造。有鉴于此，新时代礼仪文化建设要在追溯秦汉时期的传统礼仪文化渊源、提炼礼仪精髓的基础上，积极学习借鉴一衣带水、具有相近文化基因的日韩、新加坡以及台湾地区等地的礼仪文化，并将中国特色社会主义价值理念融汇其中，由于有着一衣带水的共同情感和文化基因，建立在追根溯源基础上的海纳百川，不但有利于增强礼仪的层次性、丰富性，而且有助于实现共情基础上的理解和吸收，是创设契合新时代精神文明建设要求的中国特色社会主义礼仪制度和文化的重要路径。

二、礼到情至：践行中的情文合一

针对新时代青年对礼仪文化存在理解鸿沟和认同感薄弱等问题，当下的礼仪教育应着重引导青年学生深刻领会礼仪文化的内在原初情感，既要"知其然"，也要"知其所以然"，积极培育引导青年学生对礼仪文化蕴藏的辞让、诚信、中和、敬老、尊师等观念产生价值认同感。只有做到内在认同、外在明礼，在实践中才能恰如其分地通过外在仪则把内心之诚表达出来。以汉服着装礼仪为例，近年来，汉服、唐装等传统服饰受到青年学生的喜爱，汉文化节、汉服嘉年华等活动在青年学生当中非常盛行，然而很多青年身着汉服，却并不能真正体现汉服的气韵，自身气质和汉服风华无法相得益彰，其中一个重要原因是汉服礼仪文化的缺失，例如，汉代着装礼仪中关于如何站立，专门有"立容"方面的要求，如今很多青年含胸驼背、举止跳脱，虽然不能要求着装者一板一眼地去刻意模仿共立、素立、卑立等具体细节，但起码要做到"平肩正背"、落落大方，只有把"言敬以和"的汉服礼仪的内涵体现出来，才能充分彰显汉服之美。其实，这不仅是着装是否好看的问题，汉代社会对于坐立行走的仪则要求在本质上是要塑造个体人格，这是礼仪"文化形式"的体现。礼仪的"文化形式"表现为"个体的感性行为、动作、言语、情感都需要遵循严格的规范和程序"①。礼仪践行中的情文合一实际上是指通过外在仪则的要求，塑造道德品质，进行精神锻造。以校园礼仪中的入学礼仪、学生会就职仪式、课堂礼仪、颁奖仪式、指引礼等为例，多元教育主体在引导青年学生实践这些礼仪时，要以情文合一、礼到情至为基本原则，通过形体的规训，提升青年学生的人格素养，锻炼其坚强意志，这样才能充分发挥礼仪文化的德育价值。

三、以文化人：推广中的情境融通

《尚书·说命》说："知之非艰，行之维艰。"礼仪文化的大众认同和日常推广需要教育主体积极创设典型示范的育人情境，建构人人知礼、守礼、依礼而行的社会大环境，只有在潜移默化的日常浸润中，才能达到日用而不觉的效果。一方面在礼仪文化理念的传播层面，要引导大众正确看待礼仪文化的本质，避免功利化、实用化、空洞化的理解。所谓"礼者，体情制文者也"②，这种"体情"是出于内在善意和尊重产生的共情理解，而非仅仅把礼仪当作外在的手段和工具。洛克认为礼仪是"在他的一切别种美德之上加上一层藻饰"③，康德亦认为人类交际中最初表达善意和尊重的"空洞符号"，会逐渐演变成人们对这种方式的真实信念。由此可见，多元教育主体应积极引导青年学生对礼仪文化的"体情制文"产生情感共鸣和价值认同，在礼仪实操中涤荡功利性的社会意义，让仪式感变得更加自然和纯粹，在仪则细节的实践上真

---

① 李泽厚：《华夏美学》，北京：三联书店，2008 年，第 18 页。

② 《淮南子·齐俗训》第 357 页。

③ ［德］诺尔特·埃利亚斯著，王佩莉译：《文明的进程（第 1 卷）》，北京：三联书店，1988 年，第 91 页。

正做到表里如一。另一方面，在礼仪文化的实践层面，需要学校、家庭、社会三方携手，做到教师身正示范、"父兄教之于家"、朋辈互相激励、骨干带头引领，使得礼仪文化从生活而来，最终回归生活。多元教育主体既要进行情景模拟，开展礼仪体验和实践，也要不断摸索日常化、日用化的礼仪应用路径，建构多维育人的大众合力，实现家庭、学校、社会、媒体、网络多维礼仪教育情境的融会贯通。此外，鼓励引导权威媒体和各自媒体加大对礼仪文化的宣传，希望有越来越多的文艺工作者知礼懂礼，并将礼仪文化融入文学艺术、影视戏剧当中，让学礼、明礼、行礼成为社会新风尚，唤起大众对于传统礼仪文化、新时代礼仪文明的热情和认同。只有将礼仪文化融入城市肌理，浸入骨髓人心，青年学生才能在日益浸润的现实礼仪情景中，达到"蓬生麻中，不扶自直"的良好效果。

第三节　育情于法：融入法治教育

法律和情感并不是水火不容的两个矛盾体。近年来，情感问题在法律、法治体系中无处不在已经成为学界共识，研究者正致力于探索"特定法律情境下运行着哪一种具体的情感以及这些情感起到了何种作用"[1]。而这种学术倾向也反映在法治教育理念中，很多学者不断呼吁"应当在法学教育中正视情感的作用，……对于情感价值的贬低或者否认对整个法学教育或者法律实践来说将会造成危害"[2]。法治培育是一个主观层面关乎人的认知、体验、共情等由表及里内化的过程，也是客观层面学校、家庭、社会大环境共同塑造的过程。针对前述法治教育困

---

[1] 李柏杨：《情感，不再无处安放——法律与情感研究发展综述》，《环球法律评论》，2016 年第 9 期，第 169 页。

[2] 李柏杨：《情感，不再无处安放——法律与情感研究发展综述》，《环球法律评论》，2016 年第 9 期，第 167 页。

境，不妨从主观和客观两个维度育情于法，充分汲取汉代情论的时代价值融入当下的法治教育当中。

一、共情为基：筑牢法治信仰

有学者认为"运用情感来解释或关注一些被视为理所当然的假设、那些人们凭直觉认为有价值的规范或者约定，去探究其背后的道理"，将会"增益于法学教育和研究"①。近年来，利用 VR、AR 技术等开辟"第二课堂"，借助虚拟仿真技术组织模拟法庭，让学生旁听司法审判，参与立法讨论等，成为深受欢迎的法治教育实践教学形式。除了技术知识层面的教学创新，多元教育主体的教学重心也要放在如何借助技术情境强化共情体验上，要在法治相关制度、事务、条文的阐释中，以情感为突破口，提升学生的法律情感，强化共情基础上的法律认同，尤其要发挥典型审判的教育引导功能，引导学生做基于人类共通情感的共情理解，例如，于欢案是情理法兼顾的典型案件，法官在不损害法律权威性的前提下，充分考量了人情伦理因素，做出了令大众信服的判决。类似判例极易让学生产生共情理解，这种理解非但不会削弱法律的权威性和神圣性，反而能够通过和当事人体验的共情，培育青年学生对司法的敬畏之心。

值得注意的是，在情感引导的法治教育过程中，要避免简单化、表面化的引导，而是要结合现实，引领学生真正走进情感世界，正确理解情感问题的复杂性。例如长期以来人们惯用"爱/恨二元情感模式"去假设人们的行为动机，认为因爱所以结婚，因恨所以离婚，妇女只会出于爱而争夺监护权，出于恨就会放弃监护权。这种简化的情感推理并不和现实相符，如果当事人和判决者只做二元简单化的理解，有可能

---

① 李柏杨：《情感，不再无处安放——法律与情感研究发展综述》，《环球法律评论》，2016 年第 9 期，第 167 页。

"将家庭关系冻结在破裂的那一刻，加剧了家庭中的情感伤害"①。教育要引导学生注意具体法律情境中情感因素的复杂性和多变性，产生基于生活实际的共情理解和分析，依托深厚的法律情感，建立自己的法治信仰。

二、情法交融：创设育人磁场

从根本上说，法治教育是要夯实青年学生的法律素养根基，进而形成法治文化自觉，这和社会大环境的孕育和滋养是分不开的。在当前社会转型期，人情社会和法治社会的交叉重叠是不能忽视的社会现实，人情社会向法治社会的彻底转轨也必然是一个缓慢长期的过渡过程，在这个过程中，要创设情法交融、德法合治的育人磁场，提升法治教育的实效性。"法律是成文的道德，道德是心中的法律。"② 法律若没有人性的温度，就只会剩下技术性的形式价值。

党的二十大报告指出要"弘扬社会主义法治精神，传承中华优秀传统法律文化"。追溯中国古代，汉代社会在顺民之情的基础上，发展出爱民、体察民情的民本思想，出台了一系列富民、惠民、恤民的民本措施，制定了"约法省刑"等恤刑政策，法律的人性温度通过"引经注律""经义决狱"等引礼入法实践展现出来，开创了德主刑辅的治国战略。

当前中国特色社会主义法治建设应在汲取传统治理经验的基础上不断推进，一方面，坚持在法治轨道上推进国家治理体系和治理能力现代化，严厉杜绝徇私枉法、人情干扰司法等现象，营造风清气正的司法环境，让人民群众充分感受到公平正义；另一方面汲取传统社会的法治资源，弘扬传统法律文化精华，建设中国特色社会主义法治体系，更好地满足人民的法律情感需求，彰显以人民为中心的法治意蕴，一是把大众

---

① Clare Huntington. "Repairing Family Law", *Duke Law Journal*, Vol. 57, 2008, pp. 1246–1260.

② 习近平：《加快建设社会主义法治国家》，《人民日报》，2015 年 1 月 1 日。

认可和推崇的较为成熟的道德要求转换为法律规范，"推动社会诚信、见义勇为、志愿服务、勤劳节俭、孝老爱亲、保护生态等方面的立法工作"①；二是在基层民主实践中，基于情感分析，运用情感策略，更好地尊重和满足公众的情感诉求，例如，就民主协商而言，有事好商量的过程其实就是"转变当事人对某些人或事的认识、意愿和情感的过程"②。在这样一个实践育人的大磁场中，多元教育主体要"深描"理性背后的情感特质，引导学生做好辩证分析，既要充分理解人情社会向法治社会转型的长期性和艰巨性，也要充分认识全面依法治国过程中情法交融的必要性和必然性。

总之，中国有句老话："知今宜鉴古，无古不成今。"如今我们所倡导的社会主义核心价值观其实都能从浩如烟海的传统文化思想宝库里面追踪溯源。传统社会尤其汉代对于情感以及情与礼、法关系的思想和实践，在今天看来仍然具有跨越时空的魅力和价值。正所谓"收百世之阙文，采千载之遗韵"，当代德育要在深入剖析德育现实困境的基础上，积极汲取传统社会尤其汉代文化的思想精髓，去伪存真、去芜取精，在守正的前提下，做好新时代阐释、赋予新时代内容、注入新时代血液，实现传统文化扬弃基础上的回归和继承基础上的超越，努力建构新时代中国特色社会主义德育范式。

---

① 《新时代公民道德建设实施纲要》，北京：人民出版社，2019 年，第 22 页。
② 廖奕：《面向美好生活的纠纷解决——一种"法律与情感"研究框架》，《法学》，2019 年第 6 期，第 128 页。

参考文献

一、经典文献

［春秋］管子著，黎翔凤校注，梁云华整理：《管子校注》，北京：中华书局，2004 年版。

［春秋］老子著，高明校注：《帛书老子校注》，北京：中华书局，1996 年版。

［春秋］孔子著，杨伯峻译注：《论语译注》，北京：中华书局，1980 年版。

［春秋］曾子著，贾庆超、郭德芳，朱锡禄主编：《曾子校释》，济南：山东大学出版社，1993 年版。

［春秋］左丘明著：《国语》，济南：齐鲁书社，2005 年版。

［春秋］辛妍著，［元］杜道坚注：《文子》，上海：上海古籍出版社，1989 年版。

［战国］墨翟著，吴毓江校注，孙启治校点：《墨子校注》，北京：中华书局，1993 年版。

［战国］慎到著，［清］钱熙祚校：《慎子（附逸文）》，北京：中华书局，1985 年版。

［战国］商鞅著，蒋礼鸿锥指：《商君书锥指》，北京：中华书局，1986 年版。

［战国］孟子著，［清］焦循正义：《孟子正义》，北京：中华书局，

1957 年版。

[战国] 庄子著，[清] 郭庆藩集释，王孝鱼校点：《庄子集释》，北京：中华书局，2004 年版。

[战国] 荀子著，[清] 王先谦集解，沈啸寰、王星贤点校：《荀子集解》，北京：中华书局，1988 年版。

[战国] 韩非著，陈奇猷集释：《韩非子集释》，上海：上海人民出版社，1974 年版。

[汉] 伏胜著，[汉] 郑玄注，[清] 陈寿祺辑校：《尚书大传（附序录辨讹）》，北京：中华书局，1985 年版。

[汉] 陆贾著，王利器校注：《新语校注》，北京：中华书局，1986 年版。

[汉] 贾谊著，阎振益，钟夏校注：《新书校注》，北京：中华书局，2000 年版。

[汉] 贾谊著，《贾谊集》，上海：上海人民出版社，1976 年版。

[汉] 司马迁著，[刘宋] 裴骃集解，[唐] 司马贞索隐，张守节正义：《史记》，北京：中华书局，1959 年版。

[汉] 毛亨、毛苌传，[汉] 郑玄笺，[唐] 孔颖达等正义，黄侃句读：《毛诗正义》，北京：中华书局，1952 年版。

[汉] 刘安等著，刘文典撰，冯逸、乔华点校：《淮南鸿烈集解》，北京：中华书局，1989 年版。

[汉] 董仲舒著，[清] 苏舆义证，钟哲点校：《春秋繁露义证》，北京：中华书局，1992 年版。

[汉] 桓宽著，[明] 张之象注：《盐铁论》，上海：上海古籍出版社，1990 年版。

[汉] 刘向著：张涛译注：《列女传译注》，济南：山东大学出版社，1990 年版。

[汉] 刘向著，向宗鲁校证：《说苑校证》，北京：中华书局，1987 年版。

［汉］王充著：《论衡》，北京：中华书局，1985 年版。

［汉］班固著，［唐］颜师古注：《汉书》，北京：中华书局，1962 年版。

［汉］班固著，［清］陈立疏正，吴则虞点校：《白虎通疏证》，北京：中华书局，1994 年版。

［汉］许慎著：《说文解字（注音版）》，长沙：岳麓书社，2006 年版。

［汉］扬雄著，［清末民初］汪荣宝疏，陈仲夫点校：《法言义疏》，北京：中华书局，1987 年版。

［汉］王符著，［清］汪继培笺，彭铎校正：《潜夫论笺校正》，北京：中华书局，1985 年版。

［汉］荀悦：《申鉴（附札记）》，北京：中华书局，1985 年版。

［汉］荀悦著，［晋］袁宏著，张烈校点：《两汉纪》，北京：中华书局，2002 年版。

［汉］应劭著，王利器校注：《风俗通义校注》，北京：中华书局，1981 年版。

［晋］陈寿著，［刘宋］裴松之注：《三国志》，北京：中华书局，1959 年版。

［晋］郭璞注：《尔雅》，北京：中华书局，1985 年版。

［晋］葛洪著，杨明照校笺：《抱朴子外篇校笺》，北京：中华书局，1991 年版。

［晋］葛洪著，王明校释：《抱朴子内篇校释》，北京：中华书局，1985 年版。

［刘宋］范晔撰，［唐］李贤等注：《后汉书》，北京：中华书局，1965 年版。

［刘宋］刘义庆著，徐震堮校笺：《世说新语校笺》，北京：中华书局，1984 年版。

［北齐］刘昼著，傅亚庶校释：《刘子校释》，北京：中华书局，

1998 年版。

[唐] 房玄龄等：《晋书》，北京：中华书局，1974 年版。

[唐] 长孙无忌等著，刘俊文点校：《唐律疏义》，北京：中华书局，1983 年版。

[唐] 杜佑著，王文锦等点校：《通典》，北京：中华书局，1988 年版。

[宋] 王安石：《王文公文集》，上海：上海人民出版社，1974 年版。

[宋] 程颢、程颐著，王孝鱼点校：《二程集》，北京：中华书局，1981 年版。

[宋] 陈淳著，王隽编，《北溪字义（附补遗严陵讲义）》，北京：中华书局，1985 年版。

[宋] 朱熹：《朱子文集》，北京：中华书局，1985 年版。

[宋] 朱熹著，[宋] 黎靖德编，王星贤点校：《朱子语类》，北京：中华书局，1986 年版。

[宋] 徐天麟：《西汉会要》，北京：中华书局，1955 年版。

[宋] 徐天麟：《东汉会要》，上海：上海古籍出版社，1976 年版。

[明] 王廷相著，冒怀辛译注：《慎言·雅述全译》，成都：巴蜀书社，2009 年版。

[明] 海瑞著，陈义钟编校：《海瑞集》，北京：中华书局，1962 年版。

[明] 吴昆注，孙国中、方向红点校：《黄帝内经素问吴注》，北京：学苑出版社，2001 年版。

[明末清初] 王夫之：《读四书大全说》，北京：中华书局，1975 年版。

[清] 刘介廉：《天方性理》，1923 年版（出版社不详）。

[清] 嵇璜、刘墉等撰，纪昀等校订：《续通典》，北京：商务印书馆，1935 年版。

［清］戴震著；汤志钧校点：《戴震集》，上海：上海古籍出版社，1980 年版。

［清］孙希旦著，沈啸寰、王星贤点校：《礼记集解》，北京：中华书局，1989 年版。

［清］孙星衍著，陈抗、盛冬铃点校：《尚书今古文注疏》，北京：中华书局，1986 年版。

［清］严可均：《全上古三代秦汉三国六朝文》，北京：中华书局，1958 年版。

［清］阮元校刻：《十三经注疏》，北京：中华书局，1980 年版。

［清］徐松辑录：《宋会要辑稿》，北京：中华书局，1957 年版。

［清末民初］马通伯校注：《韩昌黎文集校注》，上海：古典文学出版社，1957 年版。

二、今人专著

邓公玄：《人性论》，北京：中国文化大学出版部，1952 年版。

侯外庐等：《中国思想通史》，北京：人民出版社，1957 年版。

王国维：《释礼》，《观堂集林（第一册）》，北京：中华书局，1959 年版。

程树德：《九朝律考》，北京：中华书局，1963 年版。

傅云龙：《中国哲学史上的人性问题》，北京：求实出版社，1982 年版。

徐平章：《王符潜夫论思想探微》，北京：文津出版社，1982 年版。

翦伯赞：《秦汉史》，北京：北京大学出版社，1983 年版。

吕思勉：《秦汉史》，上海：上海古籍出版社，1983 年版。

古华：《礼俗》，中国文艺联合出版公司，1983 年版。

任继愈主编：《中国哲学发展史（秦汉）》，北京：人民出版社，1985 年版。

李泽厚：《中国古代思想史》，北京：人民出版社，1985 年版。

金春峰：《汉代思想史》，北京：中国社会科学出版社，1987年版。

牟钟鉴：《〈吕氏春秋〉与〈淮南子〉思想研究》，济南：齐鲁书社，1987年版。

［美］斯托曼著，张燕云译：《情绪心理学》，沈阳：辽宁人民出版社，1987年版。

王步贵：《王符思想研究》，兰州：甘肃人民出版社，1987年版。

刘泽华：《先秦礼论初探》，选自《中国文化研究集刊》（第四辑），上海：复旦大学出版社，1987版。

余英时：《士与中国文化》，上海：上海人民出版社，1987年版。

梁漱溟：《中国文化要义》，上海：学林出版社，1987年版。

［苏］雅科布松著，王玉琴等译：《情感心理学》，哈尔滨：黑龙江人民出版社，1988年版。

［日］宫城音弥：《情感与理性：人性心理剖析》，西安：陕西人民出版社，1988年版。

朱葵菊：《中国历史上的人性论》，北京：中国社会科学出版社，1989年版。

朱智贤：《心理学大词典》，北京：北京师范大学出版社，1989年版。

［美］诺尔曼·丹森（Denzin, N.K.）著，魏中军，孙安事译：《情感论》，沈阳：辽宁人民出版社，1989年版。

沈家本撰：《沈寄簃先生遗书》，北京：中国书店，1990年版。

瞿兑之：《汉代风俗制度史》，上海：上海文艺出版社，1991年版。

柳诒征：《中国礼俗史发凡》，《柳诒征史学论文续集》，上海：上海古籍出版社，1991年版。

焦国成：《中国古代人我关系论》，北京：中国人民大学出版社，1991年版。

朱汉民：《忠孝道德与臣民精神：中国传统臣民文化论析》，郑州：河南人民出版社，1992年版。

范忠信、郑定、詹学农：《情理法与中国人——中国传统法律文化探微》，北京：中国人民大学出版社，1992 年版。

田昌五、安作璋主编：《秦汉史》，北京：人民出版社，1993 年版。

周桂钿：《中国历代思想史》，北京：文津出版社，1993 年版。

陈戍国：《中国礼制史》，长沙：湖南教育出版社，1993 年版。

金马：《情感智慧论》，北京：北京师范大学出版社，1993 年版。

瞿同祖：《中国法律与中国社会》，北京：中华书局，2003 年版。

马良怀：《崩溃与重建中的困惑——魏晋风度研究》，北京：中国社会科学出版社，1993 年版。

余书麟：《中国儒家心理思想史》，新北：心理出版社，1994 年版。

乔尔·马科斯、安乐哲合编：《亚洲思想中的情感：在比较哲学中对话》，阿尔巴尼：纽约州立大学出版社，1995 年版。

［德］马克斯·韦伯著，王容芬译：《儒教与道教》，北京：商务印书馆，1995 年版。

马征：《多维视野中的礼仪文化》，天津：天津社会科学院出版社，1996 年版。

钱玄：《三礼通论》，南京：南京师范大学出版社，1996 年版。

顾颉刚：《汉代学术史略》，北京：东方出版社，1996 年版。

姚伟钧：《礼：传统道德核心谈》，南宁：广西人民出版社，1996 年版。

岳庆平：《汉代家庭与家族》，郑州：大象出版社，1997 年版。

刘师培：《刘师培全集》，北京：中共中央党校出版社，1997 年版。

李学颖：《仪礼·礼记：人生的法度》，上海：上海古籍出版社，1997 年版。

马小红：《礼与法》，北京：经济管理出版社，1997 年版。

黄宛峰：《礼乐渊薮——〈礼记〉与中国文化》，郑州：河南大学出版社，1997 年版。

姜国柱、朱葵菊《中国人性论史》，郑州：河南人民出版社，1998

年版。

姜林祥主编；李景明：《中国儒学史（秦汉卷）》，广州：广东教育出版社，1998 年版。

［美］D. 布迪、C. 莫里斯著，朱勇译：《中华帝国的法律》，南宁：江苏人民出版社，1998 年版。

宋志明等：《中国古代哲学研究》，北京：中国人民大学出版社，1998 年版。

仇德辉：《统一价值论》，北京：中国科学技术出版社，1998 年版。

杨鑫辉主编：《心理学通史》，济南：山东教育出版社，2000 年版。

邹昌林：《中国礼文化》，北京：社会科学文献出版社，2000 年版。

杨树达：《汉代婚丧礼俗考》，上海：上海古籍出版社，2000 年版。

陈启云：《荀悦与中古儒学》，沈阳：辽宁大学出版社，2000 年版。

周桂钿：《秦汉思想史》，石家庄：河北人民出版社，2000 年版。

杨秀宫：《孔孟荀礼法思想的演变与发展》，台北：文史哲出版社，2000 年版。

杨志刚：《中国礼仪制度研究》，上海：华东师范大学出版社，2001 年版。

徐复观：《两汉思想史》，上海：华东师范大学出版社，2001 年版。

顾希佳：《礼仪与中国文化》，北京：人民出版社，2001 年版。

牟钟鉴：《儒学价值的新探索》，济南：齐鲁书社，2001 年版。

许顺湛：《论古代礼制的产生、形成与历史作用》，《许顺湛考古论集》，郑州：中州古籍出版社，2001 年版。

熊铁基：《秦汉新道家》，上海：上海人民出版社，2001 年版。

葛兆光：《中国思想史》，上海：复旦大学出版社，2001 年版。

顾希佳：《礼仪与中国文化》，北京：人民出版社，2001 年版。

罗炽，白萍：《中国伦理学》，武汉：湖北人民出版，2002 年版。

陈戍国：《中国礼制史》，长沙：湖南教育出版社，2002 年版。

蒙培元：《情感与理性》，北京：中国社会科学出版社，2002 年版。

潘富恩，徐洪兴主编：《中国理学》，北京：东方出版中心，2002年版。

丁原植：《楚简儒家性情说研究》，台北：万卷楼图书有限公司，2002年版。

孔维民：《情感心理学新论》，长春：吉林人民出版社，2002年版。

杨岚：《人类情感论》，天津：百花文艺出版社，2002年版。

刘丰：《先秦礼学思想与社会的整合》，北京：中国人民大学出版社，2003年版。

马君：《礼法影响下的中国传统法律文化》，北京：中央文献出版社，2003年版。

刘丰：《先秦礼学思想与社会的整合》，北京：中国人民大学出版社，2003年版

彭林：《中国古代礼仪文明》，北京：中华书局，2004年版。

徐复观：《中国人性论史》，上海：上海三联书店，2004年版。

马小红：《礼与法：法的历史连接》，北京：北京大学出版社，2004年版。

徐杰舜：《汉族风俗史》，上海：学林出版社，2004年版。

韩星：《先秦儒法源流述论》，北京：中国社会科学出版社，2004年版。

季乃礼：《三纲六纪与社会整合——由〈白虎通〉看汉代社会人伦关系》，北京：中国人民大学出版社，2004年版。

戴黍：《〈淮南子〉治道思想研究》，广州：中山大学出版社，2005年版。

孙清政：《情感尺度的理论探讨》，西安：西安地图出版社，2005年版。

欧阳祯人：《先秦儒家性情思想研究》，武汉：武汉大学出版社，2005年版。

曹全来：《西方法、中国法与法律近代化》，北京：中央编译出版

社，2005年版。

韩星：《儒法整合：秦汉政治文化论》，北京：中国社会科学出版社，2005年版。

王启发：《礼学思想体系探源》，郑州：中州古籍出版社，2005年版。

曹旅宁：《张家山汉律研究》，北京：中华书局，2005年版。

徐复观：《中国人性论史》，上海：华东师范大学出版社，2005年版。

欧阳祯人：《先秦儒家性情思想研究》，武汉：武汉大学出版社，2005年版。

季蒙：《主思的理学：王夫之的四书学思想》，广州：广东高等教育出版社，2005年版。

沈善洪、王凤贤：《中国伦理思想史》，北京：人民出版社，2005年版。

程宇宏：《荀悦治道思想研究》，广州：中山大学出版社，2005年版。

王海明：《伦理学原理》，北京：北京大学出版社，2005年版。

孟昭兰：《情绪心理学》，北京：北京大学出版社，2005年版。

史广全：《礼法融合与中国传统法律文化的历史演进》，北京：法律出版社，2006年版。

黄开国：《儒家人性与伦理新论》，西安：陕西人民出版社，2006年版。

贾顺先：《儒学与世界》，成都：四川大学出版社，2006年版。

史广全：《中国古代立法文化研究》，北京：法律出版社，2006年版。

李有兵：《道德与情感：朱熹中和问题研究》，北京：中国传媒大学出版社，2006年版。

王国猛，徐华：《朱熹理学与陆九渊心学》，成都：西南交通大学出版社，2006 年版。

罗卫东：《情感·秩序·美德——亚当·斯密的伦理学世界》，北京：中国人民大学出版社，2006 年版。

夏宝平：《先秦儒家性情论》，北京：吉林人民出版社，2007 年版。

熊铁基：《秦汉文化史》，北京：东方出版中心，2007 年版。

吴全兰：《刘向哲学思想研究》，北京：中国社会科学出版社，2007 年版。

何善蒙：《魏晋情论》，北京：光明出版社，2007 年版。

王雪：《〈淮南子〉哲学思想研究》，西安：陕西人民出版社，2007 年版。

［英］西奥多·泽尔丁：《情感的历史》，北京：九州出版社，2007 年版。

卢春红：《情感与时间：康德共同感问题研究》，上海：上海三联书店，2007 年版。

程石泉著，俞懿娴编：《中国哲学综论》，上海：上海古籍出版社，2007 年版。

张自慧：《礼文化的价值与反思》，上海：学林出版社，2008 年版。

柄桦：《中国古代刑罚政治观》，北京：人民出版社，2008 年版。

任强：《知识、信仰与超越——儒家礼法思想解读》（增订版），北京：北京大学出版社，2009 年版。

陈来：《古代思想文化的世界》，上海：上海三联书店，2009 年版。

徐忠明：《情感、循吏与明清时期司法实践》，上海：上海三联书店，2009 年版。

黄意明：《道始于情——先秦儒家情感论》，上海：上海交通大学出版社，2009 年版。

韦政通：《中国思想史》，长春：吉林出版集团有限责任公司，2009 年版。

［美］James W. Kalat，［美］Michelle N. Shiota：《情绪》，北京：

中国轻工业出版社，2009年版。

葛兆光：《中国思想史》，上海：复旦大学出版社，2009年版。

[英] 坦塔姆（Ddgby Tantam）著，施琪嘉译：《实用心理治疗与心理咨询》，北京：中国医药科技出版社，2010年版。

丁峻：《情感演化论》，北京：科学出版社，2010年版。

李沈阳：《汉代人性论史》，济南：齐鲁书社，2010年版。

傅小兰：《情绪心理学》，上海：华东师范大学出版社，2016年版。

《新时代公民道德建设实施纲要》，北京：人民出版社，2019年版。

本书编写组：《党的二十大报告学习辅导百问》，北京：党建读物出版社、学习出版社，2022年版。

三、考古资料及出土文献

刘志远、余德章、刘文杰：《四川汉代画像石砖与汉代社会》，北京：文物出版社，1983年版。

谢桂华、李均明、朱国炤编：《居延汉简释文合校》，北京：文物出版社，1987年版。

甘肃省文物考古研究所等编：《居延新简》，北京：文物出版社，1990年版。

睡虎地秦墓竹简整理小组编：《睡虎地秦墓竹简》，北京：文物出版社，1990年版。

连云港市博物馆等编：《尹湾汉墓竹简》，北京：中华书局，1997年版。

胡平生、张德芳：《敦煌悬泉汉简释粹》，上海：上海古籍出版社，2001年版。

刘钊：《郭店楚简校释》，福州：福建人民出版社，2005年版。

张家山二四七号汉墓竹简整理小组编：《汉墓竹简张家山汉墓竹简[二四七号墓]》（释文修订本），北京：文物出版社，2006年版。

长沙市文物考古研究所，中国文物研究所：《长沙东牌楼东汉简牍》，北京：文物出版社，2006 年版。

四、期刊文章

燕国材：《荀子论情、欲、性》，《心理学报》，1980 年第 2 期。

王鑫义：《王符哲学思想渊源探讨》，《甘肃社会科学》，1982 年第 1 期。

金春峰：《论〈吕氏春秋〉的儒家思想倾向》，《哲学研究》，1982 年第 12 期。

顾农：《发乎情，止乎礼义——〈毛诗大序〉的合理内核》，《福建论坛》，1983 年第 6 期。

高汉声：《论〈淮南子〉关于性、欲、情的心理学思想》，《江西师范大学学报》，1984 年第 1 期。

胡健：《〈吕氏春秋〉音乐美学思想初探》，《音乐探索》，1988 年第 4 期。

黄朴民：《〈白虎通义〉对董仲舒新儒学的部分发展》，《社会科学辑刊》，1989 年第 6 期。

张才兴：《荀子礼义之治与性说的关系》，《浙江学刊》，1989 年第 3 期。

王占山：《从〈韩诗外传〉看西汉前期儒家思想的变化》，《齐鲁学刊》，1990 年第 6 期。

David B. Wong, "Is There a Distinction between Reason and Emotion in Mencius?", *Philosophy East & West*, January 1991.

谢明仁：《论刘向的儒家思想》，《广西大学学报》，1993 年第 2 期。

庞学铨：《中国古代情感理论的特点》，《杭州大学学报》，1993 年第 4 期。

李丽：《"情"之德性与"理"之德性》，《河南社会科学》，1994 年第 1 期。

寇养厚：《先秦道家的"自然任情"观念》，《山东大学学报》，

1994 年第 2 期。

张复熙：《先秦儒家情法观初探》，《安徽大学学报》，1996 年第 1 期。

尚玮：《简论汉代的礼和法》，《史学月刊》，1997 年第 4 期。

张节末：《先秦的情感观念》，《文艺研究》，1998 年第 4 期。

马良怀：《〈老子〉的道德学说与魏晋时期道德重建之关系》，《湘潭师范学院学报》，1998 年第 2 期。

熊铁基：《从"存天理，灭人欲"看朱熹的道家思想》，《史学月刊》，1999 年第 5 期。

朱喆：《儒情与道情》，《江汉论坛》，2000 年第 5 期。

晏海珍：《〈吕氏春秋〉中"人欲"与"知人"思想刍议》，《陕西师范大学学报》，2001 年第 1 期。

徐国荣：《六朝名士的情礼之争》，《文史哲》，2000 年第 3 期。

刘乐贤：《〈性自命出〉与〈淮南子·缪称〉论"情"》，《中国哲学史》，2000 年第 4 期。

李天虹：《〈性自命出〉与传世先秦文献"情"字解诂》，《中国哲学史》，2001 年第 3 期。

丁原明：《郭店儒简"性"、"情"说探微》，《齐鲁学刊》，2002 年第 1 期。

韩东育：《〈性自命出〉与法家的"人情论"》，《史学集刊》，2002 年第 2 期。

阮忠勇：《"情之所钟，正在我辈"——从〈世说新语〉看魏晋士人的尚情特质》，《浙江海洋学院学报》，2002 年第 1 期。

王子今：《张家山汉简所见"妻悍""妻殴夫"等事论说》，《南都学坛》，2002 年第 4 期。

刘丰、杨寄荣：《先秦儒家情礼关系探论》，《社会科学辑刊》，2002 年第 6 期。

赵浴沛：《睡虎地秦墓简牍所见秦社会婚姻、家庭诸问题》，《中国社会经济史研究》，2003 年第 4 期。

安作璋：《说"孝"》，《山东师范大学学报》，2003 年第 5 期。

胡家祥：《"情"的字义转化》，《通化师范学院学报》，2004 年 1 月第 25 卷第 1 期。

曹晓虎：《儒家"情"的观念的发展及其与佛、道关系》，《中州学刊》，2004 年第 2 期。

赫广霖：《儒、道之"情"特色论》，《许昌学院学报》，2004 年第 3 期。

钱国旗：《在礼与情之间——〈颜氏家训〉对礼俗风尚的论述和辨正》，《孔子研究》，2004 年第 5 期。

陈徽：《"以才论性"与"因情定性"——孟子性善论之致思理路》，《安徽大学学报》，2004 年第 6 期。

李俊方、魏克威：《汉代援礼入法渊源考论》，《东北师大学报》，2004 年第 6 期。

孙家洲：《论汉代执法思想中的理性因素》，《南都学坛》，2005 年第 1 期。

王康：《情、理、法的冲突与整和——浅议中国传统法律的伦理特色》，《沧桑》，2005 年第 1 期。

刘固盛：《二程人性论的道家思想渊源》，《华中师范大学学报》，2005 年第 2 期。

王洁：《略论儒家的"情"观》，《江苏社会科学》，2005 年第 3 期。

高兵：《从〈睡虎地秦简〉看秦国的婚姻伦理观念》，《烟台师范学院学报》，2005 年第 4 期。

宋洪兵：《日本徂徕学派对儒法"人情论"的继承与超越》，《求是学刊》，2005 年第 5 期。

张松：《睡虎地秦简与张家山汉简反映的秦汉亲亲相隐制度》，《南都学坛》，2005 年第 6 期。

樊祯祯：《先秦两汉情性之辨初探》，《山东文学》，2006 年 1 期。

陈希红：《情礼递变与魏晋士风转向》，《安徽广播电视大学学报》，2006 年第 1 期。

张金梅：《〈周易〉"情"辨析——兼论"设卦以尽情伪"》，《西南师范大学学报》，2006 年第 3 期。

艾春明：《〈韩诗外传〉情性论与〈性自命出〉的渊源》，《东北师范大学学报》，2006 年第 4 期。

周远斌：《〈淮南子〉的情感论》，《南都学坛》，2006 年第 7 期。

吴越滨：《情性之说——论王充的美学思想》，《艺术教育》，2006 年第 7 期

张保同：《汉代引礼入法的理论与实践述论》，《河南师范大学学报（哲学社会科学版）》，2006 年 9 月第 5 期。

刘厚琴：《张家山汉简所见汉代父权》，《天府新论》，2007 年第 1 期。

熊铁基：《再论"秦汉新道家"》，《哲学研究》，2007 年第 1 期。

张秋英、张春英：《魏晋士人生命体验的美学解读——之任情纵欲篇》，《新学术》，2007 年第 2 期。

王云萍：《儒家伦理与情感》，《哲学研究》，2007 年第 3 期。

周天庆：《论儒家伦理中的情感因素》，《求索》，2007 年第 5 期。

李海荣：《法本无情亦有情——对"亲属容隐"和"春秋决狱"的思考》，《法制与社会》，2007 第 9 期。

郭卫华：《论儒家传统道德哲学中"尚情"思想的历史流变》，《临沂师范学院学报》，2008 年第 1 期。

黄芸：《从"性恶"到"先王制礼义"——荀子政治伦理思想的内在逻辑，兼与活布斯比较》，《道德与文明》，2008 年第 4 期。

冀宇宁：《道是无情却有情——浅析老子"情"的维度》，《安徽文学》，2008 年第 12 期。

颜炳罡：《郭店楚简〈性自命出〉与荀子的情性哲学》，《中国哲学

史》，2009年第1期。

胡启勇：《性善与礼法——孟子礼法思想的人性根基》，《河南师范大学学报》，2009年第1期。

王雅：《自然情感与道德原则的双向涵摄——儒家之仁对传统中国人的型塑》，《孔子研究》，2009年第1期。

刘厚琴、田芸《汉代"不孝入律"研究》，《齐鲁学刊》，2009年第4期。

王经纬：《荀子与荀悦人性观比较》，《安徽文学》，2009年第10期。

池桢：《爱的天空：探索先秦人性论的感性之纬》，《史学月刊》，2009年第11期。

林桂榛：《"父子相为隐"与亲属间举证——亲情、法律、正义的伦理中道问题》，《现代哲学》，2010年第6期。

卢家楣：《情感教学心理学研究》，《心理科学》，2012年第3期。

彭秀兰：《多元文化视阈下的大学生礼仪教育》，《黑龙江高教研究》，2012年第7期。

李金忠：《法律情感、法律认知、法律理念——当代大学生法律意识培养三部曲》，《中国成人教育》，2012年第11期。

金东海、关琳：《学校礼仪教育传承的实践困境与破解路径》，《教学与管理》，2014年第11期。

高媛媛、郭淑新《社会学视角下的大学礼仪教育新探》，《江淮论坛》，2015年第1期。

严明：《情感教育：梳理与反思》，《教育探索》，2015年第1期。

李柏杨：《情感，不再无处安放——法律与情感研究发展综述》，《环球法律评论》，2016年第9期。

马多秀：《情感教育研究的回顾与展望》，《教育研究》，2017年第1期。

宣璐、余玉花：《五大发展理念下高校法治教育困境之破解》，《广西社会科学》，2017 年第 2 期。

蒋玉娟：《高校大学生法治教育面临的困境与对策》，《学校党建与思想教育》，2017 年第 5 期。

廖奕：《面向美好生活的纠纷解决——一种"法律与情感"研究框架》，《法学》，2019 年第 6 期。

汪波、赵腾：《基层治理体系中移风易俗改革的梗阻与对策》，《行政管理改革》，2022 年第 8 期。